Lamri Nacef

Variables physiques océan–atmosphère et le climat de l'Algérie

Lamri Nacef

Variables physiques océan– atmosphère et le climat de l'Algérie

Relations des flux de chaleur à l'interface air-mer en Méditerranée et indices climatiques sur le climat de l'Algérie

Éditions universitaires européennes

Impressum / Mentions légales
Bibliografische Information der Deutschen Nationalbibliothek: Die Deutsche Nationalbibliothek verzeichnet diese Publikation in der Deutschen Nationalbibliografie; detaillierte bibliografische Daten sind im Internet über http://dnb.d-nb.de abrufbar.
Alle in diesem Buch genannten Marken und Produktnamen unterliegen warenzeichen-, marken- oder patentrechtlichem Schutz bzw. sind Warenzeichen oder eingetragene Warenzeichen der jeweiligen Inhaber. Die Wiedergabe von Marken, Produktnamen, Gebrauchsnamen, Handelsnamen, Warenbezeichnungen u.s.w. in diesem Werk berechtigt auch ohne besondere Kennzeichnung nicht zu der Annahme, dass solche Namen im Sinne der Warenzeichen- und Markenschutzgesetzgebung als frei zu betrachten wären und daher von jedermann benutzt werden dürften.

Information bibliographique publiée par la Deutsche Nationalbibliothek: La Deutsche Nationalbibliothek inscrit cette publication à la Deutsche Nationalbibliografie; des données bibliographiques détaillées sont disponibles sur internet à l'adresse http://dnb.d-nb.de.
Toutes marques et noms de produits mentionnés dans ce livre demeurent sous la protection des marques, des marques déposées et des brevets, et sont des marques ou des marques déposées de leurs détenteurs respectifs. L'utilisation des marques, noms de produits, noms communs, noms commerciaux, descriptions de produits, etc, même sans qu'ils soient mentionnés de façon particulière dans ce livre ne signifie en aucune façon que ces noms peuvent être utilisés sans restriction à l'égard de la législation pour la protection des marques et des marques déposées et pourraient donc être utilisés par quiconque.

Coverbild / Photo de couverture: www.ingimage.com

Verlag / Editeur:
Éditions universitaires européennes
ist ein Imprint der / est une marque déposée de
OmniScriptum GmbH & Co. KG
Heinrich-Böcking-Str. 6-8, 66121 Saarbrücken, Deutschland / Allemagne
Email: info@editions-ue.com

Herstellung: siehe letzte Seite /
Impression: voir la dernière page
ISBN: 978-3-8416-6415-0

Zugl. / Agréé par: Algér, Université des Sciences et Technologie Houari Boumediene (USTHB) B.P-32, 16111, Alger, Algérie; 2012

Copyright / Droit d'auteur © 2015 OmniScriptum GmbH & Co. KG
Alle Rechte vorbehalten. / Tous droits réservés. Saarbrücken 2015

Sommaire

Introduction générale

Situé au nord du continent Africain, l'Algérie s'ouvre sur la mer Méditerranée avec un total d'environ 1280 km de côte et ne l'éloigne de l'océan Atlantique qu'une étroite bande longitudinale (varie entre 2° et 8° environ). Elle se caractérise par une géographie bien diversifiée : les plaines, les hauts plateaux, de hautes chaînes montagneuses où de nombreux massifs dépassent les 2000 mètres (chaînes de l'Atlas) et le désert. En Algérie, la partie sensible aux variations et aux aléas climatiques ne représente que 13% de la superficie totale du pays mais c'est aussi la plus dense en population, celle qui concentre les meilleurs sols, les ressources en eau renouvelables, la faune et la flore les plus remarquables du pays.

L'appartenance de l'Algérie, particulièrement sa partie nord, au bassin méditerranéen fait qu'elle bénéficie d'un climat de type méditerranéen connu par des hivers doux/relativement humides et des étés chauds/secs, actuellement présente des caractéristiques spatiales et temporelles intriquées (Lionello et al., 2006a, Nacef 1992). La forte variabilité interannuelle est également une caractéristique spécifique du climat méditerranéen (Bolle, 2002; Xoplaki et al., 2004). En plus, l'Algérie se trouve dans la zone subtropicale. Des études antérieures (Rodriguez-Fonseca & Castro, 2002; Hurrell et al., 2003; Cassou, 2004) ont montré que son climat est influencé par le système climatique tropical et celui des latitudes moyennes, en particulier par les modes de variabilité basse fréquence.

A cause de sa nature géo-climatique, la répartition déséquilibrée de sa population, la pauvreté relative en ressources hydriques, sols et couvert végétal, l'Algérie se trouve être particulièrement sensible au climat. Les variations et évolutions climatiques qui sont des facteurs aggravants risquent de rendre cette sensibilité plus prononcée dans les décennies à venir. L'importance du climat se fait sentir sur pratiquement tous les aspects de la vie socio-économique que ce soit sur la disponibilité des ressources en eau, les rendements agricoles et la santé humaine et animale, pour ne citer que ces trois secteurs. La baisse continue des précipitations observée dans cette région depuis plus de trente ans a créé dans des zones jusque-là considérées comme subhumides (le littoral ouest), des conditions de milieux semi-arides par la baisse de la disponibilité de la ressource en eau. Les plantes et les animaux répondent par différentes adaptations physiologiques, anatomiques et comportementales aux contraintes d'humidité et de température exercées par les forts écarts diurnes et saisonniers de la température, des précipitations et de la teneur en eau du sol.

La quantification de la variabilité du climat aux échelles allant de saison à la décennie à une multitude d'applications dans les recherches liées à l'eau et à la planification. En plus, il est crucial d'avoir une compréhension physique des processus régissant les variations du climat et l'histoire du changement climatique récent en vue d'évaluer les projections climatiques régionales.

La prévision climatique, que ce soit aux échelles saisonnières et annuelles, implique notamment la connaissance des mécanismes de variation de l'atmosphère et de l'océan. La rougeur des spectres atmosphériques à basses fréquences montre que l'atmosphère possède une "mémoire" et un potentiel prédictif à long terme. C'est une perspective particulièrement intéressante pour ses retombées sur l'homme, notamment les aménagements du territoire et l'agriculture. Prévoir une année pluvieuse ou sèche, froide ou non, des décennies où les zones de tempêtes se déplaceront constituent autant de motivations pour la compréhension des variabilités climatiques. Il s'agit d'anticiper non pas le temps exact qu'il fera un jour donné, mais la tendance générale du temps, notamment les anomalies saisonnières de température et de précipitations. La variabilité interannuelle de ces paramètres ayant parfois de forts impacts socio-économiques, les prévisions saisonnières revêtent un intérêt particulier pour les régions du monde les plus vulnérables face aux aléas du système climatique. Un nombre important de pays en voie de développement (l'Algérie fait partie) sont par exemple très dépendants de la quantité des pluies qu'ils reçoivent durant la saison humide. Toutefois, les applications de la prévision saisonnière sont également nombreuses dans les pays industrialisés, dans différents domaines comme l'agriculture, la gestion des ressources en eau, les assurances, l'épidémiologie...

Bien que cette science en soit encore à ses balbutiements, elle est en plein développement. De nombreux projets ont fleuri ces dernières années dans le but d'améliorer nos connaissances sur la variabilité et la prévisibilité du climat. Le projet *MedCLIVAR* (*Mediterranean CLImate VARiability and predictability*), fondé en 2004, sous l'égide du projet mondial *CLIVAR*, par le *WRCP* (*World Research Climate Program*), est l'un d'entre eux. Il a permis des avancées majeures ces dernières années, notamment en ce qui concerne la compréhension du rôle des océans sur le climat. La dernière réunion scientifique du groupe de travail consacré à la prévision saisonnière, qui s'est tenue à Barcelone en juin 2007, a toutefois mis en lumière le besoin de mieux comprendre le rôle des flux de chaleur à

5

l'interface et autres composantes lentes du système climatique, et en particulier des surfaces océaniques.

L'étude de la variabilité climatique (du mois au siècle) en Algérie, notamment sa partie nord, reste encore très ouverte (Nacef, 1999, 2006). Une compréhension physique des processus régissant la variabilité du climat dans notre région est cruciale pour la réduction des incertitudes sur les projections climatiques du 21ème siècle et pour s'adapter mieux à cette variabilité climatique (canicules, sécheresses, inondations, ...) qui est considéré comme une excellente stratégie d'adaptation au changement climatique. Une quantification précise de la variabilité du climat aux échelles allant de saison à la décennie aura une multitude d'applications dans les différents secteurs socio-économiques du pays.

Les différents processus physiques mettant en jeu l'océan et l'atmosphère tels qu'ils sont connus aujourd'hui et par la même, les principaux modes de variabilité basses fréquences, ont montrés clairement que le système climatique régional du bassin Méditerranéen est complètement couplé, que la Méditerranée est une source d'humidité et de chaleur pour les régions voisines, qu'aucun consensus n'existe encore concernant les interactions de l'océan avec l'atmosphère du bassin Méditerranéen et qu'il existe encore des difficultés dans la détection de l'impact (et son intensité) d'anomalies de la température de surface de l'océan (SST) extratropicales sur la variabilité du climat aux régions Méditerranéennes. En conséquence, deux processus complexes semblent émerger dans ce contexte. Ce sont les flux de chaleur à l'interface air–mer en Méditerranée et les modes de variabilité basse fréquence (ou indices de la circulation générale) aux moyennes latitudes. Ces deux processus sont fortement liés aux interactions air-mer et interagissent entre eux. Ils jouent un rôle clé pour le climat méditerranéen.

Ce travail s'inscrit dans cette optique, et vise à essayer de mieux comprendre le rôle de la surface marine sur la variabilité du climat et sa prévisibilité en Algérie. L'étude de cette problématique représente une contribution intéressante et originale pour la prévision en Afrique du Nord, ainsi que pour tous les travaux sur les interactions océan-atmosphère. Nous essaierons d'apporter notre modeste contribution sur cet effort de compréhension du lien entre les flux de chaleur en Méditerranée, les modes de variabilité basse fréquence du système couplé océan-atmosphère et climat, en précisant dans la mesure du possible les implications de nos résultats en termes de prévision saisonnière et/ou interannuelle.

Ainsi, les deux questions générales et essentielles auxquelles ce travail voudrait essayer de répondre sont:
- Quel est le rôle de la surface marine Méditerranéenne sur la variabilité du climat en Algérie ?
- Quel est le rôle des modes de variabilité basse fréquence sur la variabilité du climat en Algérie ?

Pour y répondre de la manière la plus détaillée, nous avons choisi de nous répondre à un certain nombre de questions plus précises :
- Quelle est la variabilité temporelle et spatiale du flux de chaleur à l'interface air-mer en Méditerranée?

En répondant à cette question, nous nous espérons à ce que cette description quantitative de la variabilité d'échange d'énergie améliore la précision de ces flux de chaleur, augmente notre compréhension des processus d'interaction air-mer en Méditerranée.

– Quelle est le rôle du flux de chaleur à l'interface air-mer dans la variabilité du climat dans la région méditerranéenne ?

– Peut-on utiliser les flux de chaleur comme Proxy pour améliorer la prévision climatique (saisonnière) des anomalies de température et de précipitations sur les régions voisines de la Méditerranée ?

– Est-ce que le flux de chaleur apporte une information en plus sur les anomalies observées des zones littorales ?

– Quelle est la variabilité interannuelle de la pluviométrie au nord Algérien ?

– La variabilité interannuelle de la pluviométrie, au nord Algérien, est-elle contrôlée par la variabilité des modes de variabilité basse fréquence?

– Est-ce qu'il y a une dominance d'influence de l'un de ces modes par rapport à d'autres ou il y a une compétition entre ces modes?

Pour répondre à toutes ces questions, nous avons choisi de s'organiser comme suit: Après un chapitre introductif (chapitre 1) qui présente les notions fondamentales de base sur lesquelles s'articule ce travail, le chapitre 2 est consacré aux présentations des donnés et outils statistiques utilisés pour la reconstitution des champs climatologiques de température, de salinité de surface en Méditerranée et d'estimation des différentes composantes du flux de chaleur. Une section est consacrée à la validation des champs climatologiques reconstitués et calculés. Le chapitre 3 concerne l'analyse des variations spatio-temporelles des champs de température, de salinité de surface et des flux de chaleur en Méditerranée. Le chapitre 4 s'intéresse à l'influence des flux de chaleur latente et sensible à l'interface air–mer en Méditerranée sur la pluviométrie et la température dans le nord de l'Algérie. Les travaux présentés s'appuient sur l'analyse des séries observées. Le chapitre 5 s'intéresse à l'influence des modes de variabilité basse fréquence sur la variabilité interannuelle des précipitations dans le nord Algérien. Cette question comporte des aspects divers et variés, que nous ne pourrons pas tous aborder. Nous nous concentrerons donc plus particulièrement sur l'impact des principaux modes de la variabilité basse fréquence, à savoir l'Oscillation Nord Atlantique (*NAO*) et l'Oscillation Arctique (*OA*) et l'anomalie des températures de surface dans la région Nord Atlantique (*NATL-SST*) et dans la région Nino 3.4 (*NINO3.4-SST*), à partir d'analyses statistiques. Une synthèse des principaux résultats sera présentée à la fin de chaque chapitre. Nous finirons ce travail par une conclusion générale, en discutant des limites de nos travaux et des perspectives qu'ils ouvrent au-delà de ce travail.

Notons pour conclure cette entrée en matière que si ce travail ne concerne pas directement la question du changement climatique, une meilleure compréhension de la variabilité climatique aux échelles saisonnière, annuelle et interannuelle peut, à terme, contribuer de manière indirecte à la réduction des incertitudes sur les projections climatiques du 21ème siècle. S'adapter à la variabilité climatique naturelle (à ses tempêtes, canicules, sécheresses, inondations, cyclones…) est donc considéré par beaucoup comme une excellente stratégie d'adaptation au changement climatique.

Notions fondamentales

Ce chapitre pose les fondements de base sur lesquelles s'articulent les travaux réalisés. Il rappelle les grands principes du système climatique, puis se focalise sur les deux acteurs principaux de ce travail, à savoir les flux de chaleur à l'interface air–mer en Méditerranée et les modes variabilité basse fréquence du système couplé océan-atmosphère. Le lecteur aguerri pourra sans doute passer directement au chapitre suivant, mais nous ferons souvent référence durant ce manuscrit aux notions présentées dans ce chapitre.

1.1 Système climatique

1.1.1 Le climat : état moyen et variabilité

Les avancées majeures dans la compréhension du climat sont relativement récentes, et coïncident d'une part avec la croissance exponentielle des données observées au cours du $20^{\text{ème}}$ siècle, d'autre part avec l'avènement des modèles numériques de climat. Bien que de nombreux efforts restent à fournir, la combinaison des observations et de la modélisation nous permet maintenant d'avoir une meilleure représentation de l'état moyen du système climatique. Cependant, l'enjeu le plus important pour la communauté est de comprendre les mécanismes de la variabilité du climat. En effet, il persiste encore des confusions et des ambiguïtés sur l'aspect de la variabilité climatique. D'après le dernier rapport du Groupement d'experts Intergouvernemental sur l'Evolution du Climat (GIEC), *"La variabilité des phénomènes extrêmes, comme la sécheresse, les cyclones tropicaux, les températures extrêmes ou la fréquence et l'intensité des précipitations, est plus difficile à analyser et à surveiller que les moyennes climatiques, car cela nécessite de longues séries chronologiques de données à haute résolution spatiale et temporelle"* (extrait du rapport de synthèse du GIEC, 2007).

Le climat correspond à une description statistique du temps sur des échelles temporelles variées s'échelonnant de l'échelle mensuelle à l'échelle multimillénaire ou plus long. Les paramètres atmosphériques (température, précipitation, humidité, vent ...) sont caractérisés par une moyenne sur une échelle temporelle choisie et une variabilité autour de cette moyenne. Par exemple, l'OMM recommande une période de 30 ans pour évaluer une moyenne climatologique, saisonnière ou annuelle. On peut alors analyser la variabilité intra-saisonnière ou interannuelle autour de ces moyennes.

Les notions de temps (ou météorologie) et climat sont intrinsèquement liées : le climat est une moyenne du temps qu'il fait, et le temps qu'il fait est dépendant du climat. Par exemple, les fluctuations météorologiques typiques des régions Méditerranéennes sont très différentes de celles des régions tropicales.

Un changement d'état moyen du système climatique peut être associé à une modification de la variabilité autour de cet état moyen. Cependant l'évolution de cet état moyen correspond à de la variabilité pour des échelles de temps plus longues, la notion d'état moyen étant bien sûr une notion relative à l'échelle considérée. Toutefois, ce nouvel état du système climatique est susceptible d'être associé à une modification de la variabilité sur des échelles de temps intra-saisonnière à interannuelle, en terme d'amplitude ou de spectre de fréquence. Ainsi, une bonne compréhension des mécanismes de génération de la variabilité du système climatique à des échelles des temps intra-saisonnière à interannuelle est indispensable.

11

L'étude de la variabilité climatique représente donc un immense chantier tant que les mécanismes mis à l'œuvre sont loin d'être élucidés. Dans ce travail, on se propose donc d'étudier quelques mécanismes impliqués dans la variabilité saisonnière et interannuelle du climat régional, en particulier, ceux faisant intervenir la composition océanique du système climatique. Notre principale région d'étude sera le nord d'Algérie. En effet, la variabilité climatique en Algérie étant, au premier ordre, pilotée par la variabilité atmosphérique dans la région la région Nord Atlantique Méditerranée (NAM), son étude est d'un intérêt majeur pour nos populations.

1.1.2 Variabilité et prévisibilité

La variabilité climatique peut se décomposer, de manière conceptuelle, en variabilité interne et variabilité forcée. Le terme "interne" fait référence à la variabilité dont l'origine n'implique pas l'intervention d'un autre sous-système climatique (océan, surface continentale, glace de mer). La variabilité interne correspond à la variabilité intrinsèque qui se développe, par exemple, par croissance d'instabilité comme les tempêtes extratropicales. La variabilité interne est en partie liée à la nature chaotique de l'atmosphère.

Par opposition, le terme "forcé" fait référence à la variabilité climatique dont l'existence est conditionnée par un autre sous-système climatique ou par un forçage externe au système climatique. Par exemple, une anomalie de température de surface océanique ou d'extension de banquise ou bien une modification de l'activité solaire peut générer une réponse atmosphérique. Ce lien de cause à effet confère une part de déterminisme et donc de prévisibilité potentielle à la variabilité climatique. En réalité, la décomposition en variabilité interne et variabilité forcée est purement idéaliste car celles-ci interagissent entre elle. Cette simplification conceptuelle permet cependant d'appréhender plus facilement les mécanismes de variabilité.

La nature essentiellement chaotique de l'atmosphère limite sa prévisibilité dans le temps, à des échelles de l'ordre de la semaine dans la région Méditerranéenne et les moyennes latitudes. Au-delà du mois, de par son inertie thermique, le forçage océanique peut piloter une partie de la variabilité atmosphérique (Frankignoul & Kestenare, 2002; Frankignoul et al., 2002; de Coëtlogon & Frankignoul, 2003). La variabilité de la couverture de glace de mer peut également constituer une source de prévisibilité potentielle (Slonosky et al., 1997; Goose et al., 2003; Alexander et al., 2004; Singarayer et al., 2006; Deser et al., 2007), de même que les réserves d'eau continentale (Douville, 2009; Conil et al., 2009). Ces diverses sources de forçage de la variabilité climatique constituent l'essence des prévisions saisonnières à décennales.

Affiner la compréhension de la variabilité du climat à des échelles de temps intra-saisonnière à interannuelle, d'une part ouvre des perspectives de prévision à long terme et peut permettre, d'autre part, d'appréhender l'impact du changement climatique en termes d'intensité et de fréquence des fluctuations climatiques.

1.1.3 Interactions océan-atmosphère aux latitudes moyennes

Les océans couvrent un peu plus des 2/3 de la surface terrestre et jouent un rôle majeur dans le bilan énergétique et hydrologique global à toutes les échelles de temps et d'espace. A ce titre, l'océan est une composante du système climatique. Le produit des masses volumiques (ρ) et des capacités thermiques (Cp) des deux milieux étant dans un rapport de l'ordre de 4000, l'océan et l'atmosphère représentent les composantes "lente" et "rapide" du système. En conséquence l'océan et l'atmosphère redistribuent l'énergie dans le système climatique dans des gammes d'échelles de temps très déférentes, en première approximation. Néanmoins dans leur travail de régulation globale, l'océan et l'atmosphère ne s'ignorent pas mais organisent une zone d'échanges dans chacun des deux milieux, appelée couche limite. Les échanges de chaleur, d'eau et de quantité de mouvement qui prennent place dans cette zone tampon sont très intenses, rapprochent considérablement les temps de réponse de l'océan et de l'atmosphère et agissent à petite échelle spatiotemporelle. Ces processus sont fondamentaux car ils déterminent en grande partie les modes de réponses du système qui vont de quelques minutes à quelques heures dans le cas de phénomènes convectifs ou de couche limite, à quelques jours dans le cas de perturbations synoptiques aux moyennes latitudes et à plusieurs mois dans le cas de régimes pilotés par des ondes planétaires. Les interactions océan-atmosphère revêtent donc une importance toute particulière dans la variabilité climatique de notre planète.

Le système couplé océan-atmosphère aux latitudes moyennes a été étudié depuis plusieurs décennies (Frankignoul, 1985). Jusqu'à approximativement le début des années 2000, les simulations numériques avec des modèles de circulation générale de l'atmosphère de basse résolution ne montraient qu'un effet très modéré des anomalies de température de surface de la mer (SST) des latitudes moyennes sur la dynamique atmosphérique. L'océan aux latitudes moyennes était donc supposé essentiellement passif à la circulation atmosphérique.

L'influence des anomalies de SST extratropicales sur l'atmosphère faisait toutefois, jusqu'au début des années 2000, toujours débat dans la communauté (Robertson et al., 2000; Kushnir et al., 2002). Certaines études (Rodwell et al., 1999) semblaient montrer que la variabilité multi-annuelle de l'atmosphère pourrait dépendre fortement de la variabilité de la SST. Mais la plupart des études (Deser et al., 2004, 2007; Cassou et al., 2004; Ferreira et Frankignoul, 2008) montraient seulement une réponse faible des *stormtracks* (ou rail des tempêtes) et des modes de variabilité atmosphérique (comme le NAO ou les régimes de temps). Il est cependant notable de remarquer que dans plusieurs de ces études (toujours fondées sur des modèles utilisant une faible résolution spatiale) des expériences de sensibilité indiquaient qu'une augmentation d'un facteur quatre de l'amplitude des anomalies de *SST* extratropicales conduisait à un impact beaucoup plus substantiel de celles-ci sur la dynamique atmosphérique de basse fréquence (Ferreira & Frankignoul, 2008).

D'un autre côté, toujours au début des années 2000, quelques travaux précurseurs, fondés sur l'analyse d'observations satellites de fine échelle et de résultats de campagne en mer, indiquaient un effet direct des SST extratropicales sur l'atmosphère à travers les flux à l'interface air-mer. Cependant cet effet semblait seulement confiner à la couche limite atmosphérique marine (jusque 1000 à 2000m d'altitude) (Chelton et al., 2004; Small et al., 2008). Ces études montraient que les basses couches atmosphériques répondaient à des structures de fines échelles de SST (comme les tourbillons océaniques) associées aux fronts de température (Bourras et al., 2004).

C'est à la suite des travaux précurseurs de Lindzen et Nigam (1987) et Chelton et al. (2004) que des avancées majeures (Nakamura et al., 2004; Feliks et al., 2004, 2007; Minobe et al., 2008) ont été obtenues à propos de l'impact des SST extratropicales sur la dynamique atmosphérique globale (cette fois de la surface à la tropopause (10000m d'altitude)) aux latitudes moyennes. *Contrairement aux hypothèses utilisées dans les études passées, ces avancées ont montré que ce n'est pas tant l'amplitude des anomalies de SST qui est déterminante pour le système couplé océan-atmosphère mais ce sont principalement les gradients de SST (fonctions à la fois de l'amplitude des anomalies de SST et aussi de leur variabilité spatiale) qui affectent le système couplé.* Ces avancées ont fortement modifié notre vision des interactions océan- atmosphère et des mécanismes physiques associés. Elles ont par ailleurs mis en lumière l'importance de la prise en compte d'une résolution spatiale élevée, que ce soit dans les observations ou dans l'utilisation des modèles numériques, pour appréhender ces mécanismes.

Trois mécanismes ont été mis en évidence dans ces différentes études récentes:

– Le flux air-mer de chaleur sensible de part et d'autre du front de *SST* va contraindre la formation d'un front de température atmosphérique de surface (*SAT*) qui va tendre à se maintenir. Ce mécanisme, appelé "*oceanic baroclinic adjustment*", produit une zone barocline dans la basse atmosphère (Nakamura et al., 2008; Nonaka et al., 2009; Taguchi et al., 2009) qui peut-être instable et interagir avec les jet-streams de la haute troposphère (Hoskins et al., 1985).

– La différence de température air-mer (instable sur le flanc chaud du front de SST) déclenche de forts flux de chaleur latente en surface et l'apport de vapeur d'eau associé (et le dégagement de chaleur latente qui en résulte par convection humide) va réchauffer l'atmosphère et créer un gradient méridien de température atmosphérique sur toute la verticale (Minobe et al., 2008) qui affecte la dynamique du *stormtrack* (ou rail des dépressions).

16

– la dynamique de la couche limite atmosphérique marine est responsable d'un pompage d'Ekman vertical proportionnel au Laplacien de la SST qui va induire de la convergence et de la divergence de part et d'autre du front dans les basses couches qui induisent des vitesses verticales s'étendant jusqu'à la tropopause (Feliks et al. 2004, 2007; Minobe et al., 2008; Song et al. 2006).

Ces mécanismes mettent en jeu à la fois les flux de chaleur sensible et latente à la surface qui induisent un gradient de température atmosphérique près de la surface (par un chauffage ou refroidissement différentiel de part et d'autre du front) et des vitesses verticales qui affectent toute la colonne troposphérique. Les flux de chaleur pré-conditionnent l'environnement pour un développement récurrent des perturbations atmosphériques qui va ancrer le rail des tempêtes (*stormtrack*) sur le front océanique. Une conséquence très importante de cet effet des fronts de SST est que le transport méridien de chaleur dans l'atmosphère est augmenté avec des fronts de *SST* (Woollings et al., 2009; Sampe et al., 2010), Taguchi et al., 2010).

En plus de modifier la dynamique de l'atmosphère, les fronts de *SST* affectent profondément les flux air-mer : Nonaka et al. (2009) observent une forte augmentation de la variance des flux de chaleur sensible et latente proportionnelle aux gradients de SST. Cette variance est en fait maintenue par l'activité atmosphérique dépressionnaire. Cette variance provient essentiellement d'événements intermittents qui ont lieu du côté chaud des fronts de SST (là où la convergence des vents et la convection humide a le plus de chance d'atteindre toute la troposphère).

En conclusion, on peut considérer que l'océan des latitudes moyennes affecte la dynamique de grande échelle de l'atmosphère non pas à travers les anomalies de SST, mais à travers les fronts de SST (associés à de forts

17

gradients). Les flux de surface créent un gradient de température dans les basses couches de l'atmosphère (figure 1.1). Ce gradient de température, par l'équilibre du vent thermique est relié à un cisaillement vertical du vent des basses couches. Ceci intensifie l'instabilité barocline du courant-jet atmosphérique (car le taux de croissance des perturbations dépend précisément du cisaillement vertical de vent). Il s'en suit une augmentation des perturbations atmosphériques. A travers les interactions onde-écoulement moyen, ces perturbations vont rendre leur énergie au courant-jet atmosphérique en accélérant celui-ci (figure 1.1). En continuant le processus, on peut penser que les modifications du courant-jet peuvent aussi altérer la circulation océanique à travers les flux de chaleur à la surface et la tension de vent. Ces mécanismes sont fortement localisés à cause du front océanique initial. Cet effet des SST extratropicales ne peut être observé que si la maille de la grille atmosphérique et océanique est inférieure à 50 km (Feliks et al., 2004, 2007; Minobe et al. 2008). Donc, la variabilité des flux de chaleur à l'interface air–mer en Méditerranée peut également constituer une source de variabilité du climat dans la région et, en conséquence, une source de prévisibilité potentielle.

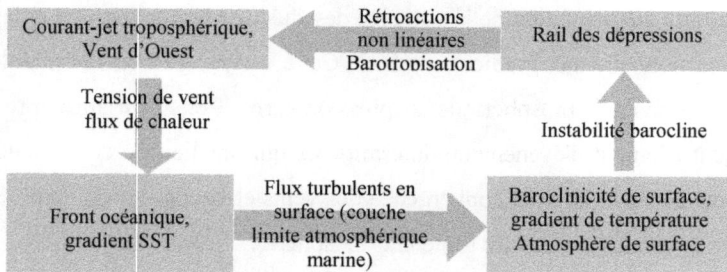

Figure 1.1 : *Mécanisme schématique de l'effet d'un front océanique sur l'atmosphère (D'après Nakamura et al., 2004).*

1.1.4 Principaux modes de variabilité basse fréquence

Le climat moyen n'existe pas par nature mais représente l'intégration dans le temps de fluctuations de plus ou moins grandes échelles spatiales et temporelles qui représentent sa variabilité. On parle de fluctuations journalières (le temps qu'il fait), de fluctuations interannuelles (par exemple, alternance d'étés plus chauds/plus froids que la normale) ou décennales (par exemple, les hivers en Afrique du nord des années 1960 bien plus froids que ceux des années 1990), etc. Ces fluctuations peuvent souvent se quantifier et s'interpréter grâce à un nombre restreint de modes ou circulations atmosphériques et/ou océaniques typiques. Ces modes se caractérisent par une structure spatiale quasi fixe d'échelle assez grande (typiquement le bassin océanique) et une série temporelle caractérisant l'évolution de cette structure, son amplitude et sa phase.

Le concept de mode de variabilité prend toute sa mesure aux moyennes latitudes. En effet, les fluctuations atmosphériques de l'échelle du (temps qu'il fait) aux échelles climatiques (interannuelle et plus) s'interprètent au mieux en termes d'excitation de modes préférentiels de circulation, ou encore en termes de transition entre régimes de circulation et/ou de fréquence d'occurrence de certains régimes (Cassou, 2004). Le mode le plus classique aux moyennes et hautes latitudes est l'Oscillation Nord-Atlantique (NAO), considérée comme la principale structure de téléconnexions présente toute l'année. La NAO est une oscillation de masse/pression entre les latitudes tempérées et les latitudes subpolaires et correspond à des changements des vents dominants d'ouest sur tout le bassin Atlantique Nord. La NAO est souvent définie de façon linéaire comme la différence de pression normalisée entre la dépression d'Islande et l'anticyclone des Açores (Hurrell, 2003). On parle de phase positive de l'oscillation nord atlantique (NAO+) lorsque les deux centres d'action sont simultanément intensifiés et de phase négative (NAO-) lorsqu'ils sont simultanément affaiblis. L'intensification du gradient de pression entre les deux centres d'action (au sens climatologique) explique le renforcement des vents d'ouest. La figure 1.2 résume schématiquement les impacts de la NAO pour ses deux phases.

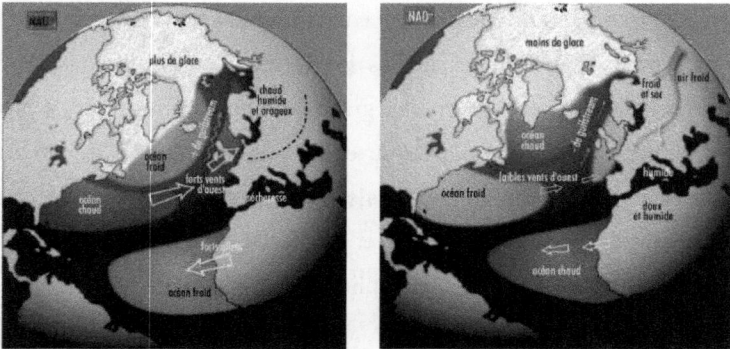

Figure 1.2 : *Schéma récapitulatif des impacts associés aux deux phases de l'oscillation nord-atlantique (NAO). (Figure reproduite des pages descriptives Internet de l'institut de géographie climatologie et météorologie, Univ. de Berne, Heinz Wanner).*

Comme les modifications et changements des phases NAO pourraient être aussi associés à la phase positive persistante d'une autre oscillation qui est l'Oscillation Arctique (AO), un nouveau concept lié à la NAO, mais concernant une structure spatiale plus large englobant les moyennes et hautes latitudes de l'hémisphère Nord, a fait son apparition (Thompson & Wallace, 1998). L'AO consiste en un balancement entre les pressions des régions Arctique et des moyennes latitudes (figure 1.3). La phase positive de l'AO se caractérise par un renforcement du vortex polaire de la surface à la basse stratosphère. Des vents froids soufflent sur l'Est Canadien, alors que les perturbations de l'Atlantique Nord apportent de la pluie avec des températures plus douces sur le Nord de l'Europe. Des conditions sèches dominent sur le bassin Méditerranéen. Pendant la phase négative de l'AO, de l'air froid continental pénètre dans le Mi- Ouest des Etats Unis et de l'Europe de l'Ouest, alors que les perturbations alimentent les régions Méditerranéennes. Dans ce schéma, la NAO est alors la signature régionale sur l'Atlantique Nord de cette oscillation de beaucoup plus grande échelle.

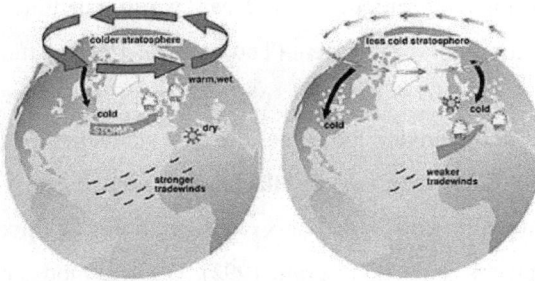

Figure 1.3 : *L'oscillation Arctique : phase positive (à gauche); phase négative (à droite).*
http://horizon.atmos.colostate.edu/ao/).

Bien que les indices NAO et AO sont fortement reliés, leurs structures différentes suggèrent que les mécanismes physiques leur étant associés ne sont pas les mêmes. La NAO décrit des phénomènes propres à la région Nord Atlantique, alors que la structure plus zonale de l'AO est la représentation d'un mode plus hémisphérique sensible aux variations zonales, notamment de la topographie.

L'influence de l'océan n'est pas indispensable à l'existence de la NAO. En effet, les modèles de circulation générale ont montré qu'il était possible de reproduire les modes de fluctuation basses fréquences atmosphériques avec des conditions aux limites fixes, notamment celle de l'océan, (Lau 1981).Cependant l'influence de l'océan sur la NAO est avérée à la fois dans les observations (Czaja and Frankignoul, 1999, 2002; Czaja et al., 2003) et les modèles numériques (D'Andrea et al., 2005).

Le NAO pourrait être une structure dominante du système climatique couplé océan-atmosphère. Depuis longtemps, l'on a observé que les fluctuations de la température de la surface de l'océan (SST) Atlantique et l'intensité du NAO sont liées (Bjerknes 1964). Il semble aussi que la circulation et l'état thermique de l'Océan Nord Atlantique varient en liaison avec l'atmosphère sus-jacent (Tourre et al., 1999). Un mode de SST des anomalies négatives dans les régions subpolaires, des anomalies positives dans les latitudes moyennes, et des anomalies négatives entre l'Equateur et 30° Nord (Deser & Blackmon, 1993). Cette configuration d'anomalies de SST correspond aux configurations de flux de surface associés aux phases du NAO (Cayan, 1992). D'autres modes de variabilité de l'atmosphère extratropicale existent, mais représentent une part plus faible de variance expliquée que les modes décrits précédemment. Citons par exemple le mode East Atlantic, ou encore le mode West Pacific. Les forçages externes à l'atmosphère, en particulier par l'AO/NAO, pourraient donc jouer un rôle sur la variabilité décennale et interannuelle. Deux questions essentielles seront traitées dans notre travail : la variabilité de température ou de précipitation, dans notre région, est-elle contrôlée par la variabilité de ces modes préférentiels? Est-ce qu'il y a une dominance de l'un de ces modes par rapport aux autres ou un change d'influence ?

1.1.5 Flux de chaleur océan–atmosphère et incertitudes

Si les sources de quantité de mouvement des équations d'Euler et de Navier-Stokes, qui constituent le socle des modèles atmosphérique et océanique, sont connues et bien représentées dans les modèles d'atmosphère et d'océan, les sources d'énergie thermique et de turbulence,

22

les processus d'échanges d'énergie à l'interface air-mer et les mécanismes de redistribution et de transformation de cette énergie dans les deux milieux (océan et atmosphère) sont par contre beaucoup moins bien connus. Ces processus représentent ce que l'on appelle la partie "physique" des modèles par opposition à leur partie "dynamique" représentée par les équations d'Euler. Une grande partie, des dérives et biais des modèles, est attribuée à la "physique" des modèles. Cela est dû au fait que les processus physiques sont extrêmement variés et entachés de grandes incertitudes, quand ils sont représentés. Leur prise en compte avec un degré croissant de fiabilité dans les modèles est primordiale car ils peuvent donner lieu à une très grande diversité de phénomènes dont la violence de certains peut avoir des conséquences socio-économiques graves.

La nécessité de comprendre et représenter de manière réaliste la dynamique, la thermodynamique des processus physiques à l'interface océan–atmosphère et leur couplage dans les modèles numériques de climat ou de prévision du temps, a conduit les communautés atmosphérique et océanique à se structurer fortement autour de grands projets internationaux de recherche. Ces projets sont multidisciplinaires et multi-échelles et intègrent à ce titre des moyens de mesures in situ et satellitaux et de modélisation numérique en étroite synergie. Pour illustrer l'effort international dans ce domaine et sans être exhaustif, on peut citer les campagnes SEMAPHORE (1993), TOGA-COARE (1992-93), FETCH (1998), EQUALANT-99 (1999), POMME (2001), AMMA-EGEE (2006) et MOUTON (2008). Ces campagnes de mesures sont aujourd'hui suffisamment nombreuses pour disposer de jeux de mesures de flux turbulent de surface. Ce point est d'une importance capitale pour calibrer les paramétrisations des échanges océan-atmosphère utilisées dans les modèles. En effet, ces paramétrisations comportent encore de fortes incertitudes qui sont sources de biais importants dans les simulations. La richesse de ces observations offre aussi la possibilité de réaliser des bilans de chaleur assez complets pour mettre en perspective les caractéristiques et les forçages locaux (SST, flux de surface, épaisseur de couche limite, en présence ou non de fronts ou tourbillons océaniques) par rapport à l'écoulement synoptique. En effet, les interactions entre les conditions locales et l'environnement synoptique de grande échelle peuvent générer des phénomènes majeurs.

Malgré ces avancés, les climatologies de flux réalisées à l'échelle globale montrent de grandes différences. Par exemple, la figure 1.4 représente des estimations de la distribution moyenne annuelle du flux net de chaleur : deux exemples de flux calculés par les modèles numérique sont comparés à deux estimations climatologiques basées sur les observations. Il est clair que les flux calculés à partir des données d'observation présentent plus de régions où la chaleur est gagnée par l'océan par rapport aux autres estimations. En conséquence, un important réchauffement irréaliste de l'océan peut en résulter, ces flux ne peuvent pas être corrects et plusieurs schémas d'ajustement ont été proposés. Cependant, quand les données de haute qualité des bouées sont disponibles, les comparaisons avec les données d'observation par bateaux montrent souvent un bon accord, meilleures que les prévisions par des modèles.

Le problème : "*la grandeur de chaque composant du flux est de l'ordre de quelques centaines de W/m^2, à la fois la variabilité interannuelle et le flux net de chaleur dans n'importe quelle région du monde est typiquement de quelques dizaines de W/m^2 et la moyenne, sur une longue période, du flux net de chaleur est supposé s'équilibrer globalement à quelques W/m^2*

près. Ceci nécessite des grandes précisions sur les estimations du flux que nous sommes encore en difficulté de la satisfaire.

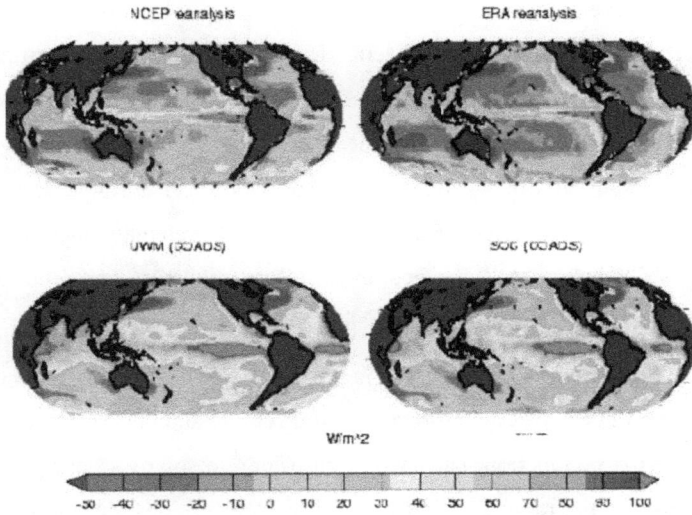

Figure 1.4 : *Moyenne annuelle du flux net de chaleur air-mer (valeur négative implique refroidissement de l'océan). Présenté comme exemple de valeurs des réanalyses du NCEP/NCAR, réanalyses du ECMWF et des climatologies basées sur les données d'observation de bateaux de la base de données COADS et calculées par UWM et SOC.*

En conséquence, une bonne compréhension du rôle de l'océan dans la variabilité du climat impose une représentation correctement des processus physiques dans les modèles numériques, ainsi que le calibrage des paramétrisations des échanges océan-atmosphère. Un bilan de chaleur, des flux air-mer, assez complet permet une représentation réaliste des caractéristiques et les forçages locaux. Il s'agit d'un problème régi par des conditions initiales et aux limites. Donc, le transfert d'énergie entre l'océan et l'atmosphère et les flux air-mer de chaleur représentent un aspect important de la simulation du climat. Ces flux représentent les processus clés du système climatique.

La forme la plus importante, après l'énergie mécanique, d'échanges à l'interface océan-atmosphère est le flux de chaleur qui se compose du flux radiatif, fortement dépendant de la structure interne de l'atmosphère, et des flux turbulents qui eux, dépendent des gradients de température et d'humidité entre les deux fluides. Les flux radiatifs sont encore mal connus à l'échelle globale et particulièrement mal déterminés dans les régions de forte convection ou forte subsidence atmosphérique (par exemple, la région méditerranéenne). Les flux turbulents nécessitent une connaissance fine des processus d'échanges à l'interface, ainsi qu'une meilleure compréhension des échelles significatives de ces transferts.

La température de surface de la mer varie sur différentes échelles spatio-temporelles. Ces variations matérialisent le transfert de chaleur à l'interface par conduction, par absorption d'énergie solaire et par perte de chaleur par évaporation. La dimension et le caractère des variations de la température dépendent du taux net du flux de chaleur entrant ou sortant de la surface de la mer et les calculs de cette quantité sont connus sous le nom d'études du bilan de chaleur. Les différentes composantes de ce flux sont :

Le flux de chaleur solaire : Le flux de rayonnement d'ondes courtes ou flux de chaleur solaire est la partie de la radiation solaire incidente qui entre réellement dans l'océan. Il est estimé comme la quantité d'énergie solaire qui arrive à la surface de l'océan après avoir traversé l'atmosphère, diminuée de la partie reflétée par la surface de l'océan (déterminée par l'albédo). Ce flux est toujours un gain de chaleur pour l'océan, donc il est toujours positif. Les incertitudes dans l'estimation de ce flux sont dues surtout à la paramétrisation de l'absorption du rayonnement solaire par les nuages et la vapeur d'eau;

Le flux de chaleur infrarouge : Le flux du rayonnement de grande longueur d'onde ou flux de la chaleur infrarouge est la quantité globale de chaleur échangée entre l'océan et l'atmosphère par rayonnement thermique. La contribution de l'océan est la chaleur perdue par la radiation du corps noir et la contribution de l'atmosphère est la radiation infrarouge descendante émise par l'atmosphère (les nuages en particulier). Généralement ce flux est une perte de chaleur pour l'océan, donc il est globalement négatif. Les incertitudes majeures dans l'estimation de ce flux viennent de la détermination de la température à l'interface air-mer et de la contribution des nuages;

Le flux de chaleur sensible : Le flux de chaleur sensible est la quantité de chaleur échangée (gain/perte) par conduction thermique entre l'océan et l'atmosphère. C'est une fonction de la vitesse du vent et du gradient vertical de température entre les deux fluides. Les incertitudes majeures dans l'estimation de ce flux viennent de la détermination de la température à l'interface air-mer et de la paramétrisation du coefficient de transfert turbulent;

Le flux de chaleur latente : Le flux de la chaleur latente est la quantité de chaleur échangée entre l'océan et l'atmosphère pendant le processus d'évaporation. Il dépend du gradient d'humidité de la colonne d'air et de la vitesse du vent qui augmente les échanges. Ce type d'échange est la perte de la chaleur la plus importante pour l'océan qui chauffe l'atmosphère. Les incertitudes dans l'estimation de ce flux sont dues surtout à la paramétrisation du transfert turbulent et à la détermination de la température et du vent;

Le flux net de chaleur : Le flux net de chaleur à l'interface air-mer est la quantité totale de chaleur gagnée ou perdue par l'océan à la surface. C'est la somme algébrique des quatre flux de chaleur définis ci-dessus. Par convention, un gain de chaleur pour l'océan est positif et une perte de chaleur est négative.

Bien que le nombre d'études qui traitent de la variabilité climatique dans les processus d'interaction air-mer soient assez important, ces études sont essentiellement basées sur les anomalies de SST et leurs effets sur la circulation atmosphérique. Il y a très peu d'études qui considèrent directement la variabilité des flux océan-atmosphère. Pourtant, c'est à travers l'échange de chaleur, d'humidité et de vitesse que l'atmosphère interagit avec l'océan. Donc, ce n'est pas la SST elle-même, mais ce flux d'énergie vers et de l'océan qui force réellement la circulation atmosphérique et, en même temps, contrôle la température de l'océan. Le processus le plus important qui détermine la distribution de la température dans l'océan est le transfert de chaleur à travers l'interface air-mer. Sans ce transfert, il n'y aurait pas de variation dans la température de l'océan (sauf par compression) et la partie de la circulation océanique commandée par les variations de la densité provoquée par la température serait absente. Également, les variations de la salinité sont essentiellement déterminées par les flux air-mer. L'évaporation augmente la salinité de l'eau de surface de la mer, tandis que la précipitation diminue la salinité de surface de la mer. La salinité a un effet direct sur la circulation thermohaline. En effet, la forte salinité des eaux de surface de la Méditerranée a un rôle majeur dans la plongée de ces eaux à de grandes profondeurs.

Bien qu'il soit clair que les flux air-mer fournissent des informations plus précieuses sur ces mécanismes que les SST, les chercheurs tendent à éviter de prendre en considération la variabilité climatique de ces flux. Cela peut être expliqué par les raisons suivantes: i) – les champs du flux contiennent plus d'incertitudes et d'erreurs; ii) – les champs du flux sont caractérisés par un mauvais échantillonnage par rapport à la SST et de courtes séries de données temporelles et spatiales.

En dépit de ces considérations et l'importance indubitable de la variabilité du flux à l'interface air-mer, notre connaissance de cette variabilité climatique est encore faible. Les résultats obtenus durant les dernières années ont suggéré que les études de la variabilité des flux peuvent, potentiellement, nous dire beaucoup au sujet des signaux climatiques de la surface sur différentes échelles spatio-temporelles.

1.2 Système climatique régional : bassin Méditerranéen

La mer Méditerranée s'étend d'Ouest en Est sur environ 4000 km en longitude, de 6°W à 36°E, et sur environ 1500 km en latitude, de 30°N à 46°N. Elle est située entre l'Europe, l'Afrique et l'Asie et s'étend sur une superficie d'environ 2.5 millions de km². Elle possède une profondeur moyenne de 1500 m et représente seulement 0.7% de la surface totale des océans et 0.3% de leur volume. Pourtant, elle détient un rôle primordial dans les études climatiques et océanographiques d'hier et d'aujourd'hui. Elle n'est reliée à l'océan Atlantique que par le détroit de Gibraltar. Celui-ci est large d'environ 14 km et atteint seulement 380 m en profondeur maximale. Ce détroit étant le seul lien entre l'Atlantique et la Méditerranée, cette dernière est qualifiée de mer semi-fermée (figure 1.5).

Pour tous les pays qui possèdent une façade maritime en Méditerranée, notamment l'Algérie, l'étude scientifique de cette mer est un objectif aux retombées économiques, sociales, militaires, environnementales et politiques importantes.

29

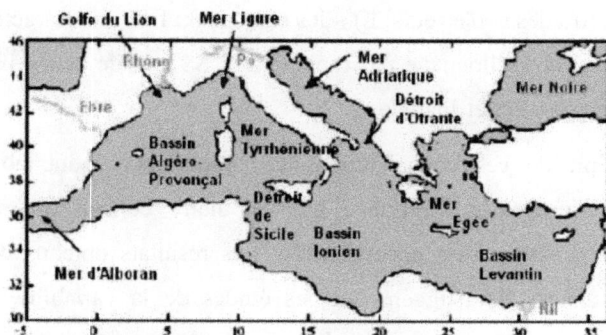

Figure 1.5 : *Cartes de la Méditerranée océanographique.*

De nos jours, la mer Méditerranée est considérée comme un "océan miniature" (Lacombe, 1971; Béthoux et al., 1999), une sorte de laboratoire où l'on pourrait étudier à côté de chez nous de nombreux phénomènes présents par ailleurs dans les océans du globe.

1.2.1 Flux d'eau, de sel et de chaleur

La mer Méditerranée peut être considérée comme une immense machine thermodynamique qui échange sel, eau et chaleur avec l'océan Atlantique par une zone étroite, le détroit de Gibraltar. Il permet cependant l'échange entre les deux bassins par un double courant : environ 1 Sv d'eau chaude (15.4°C) et peu salée (36.2 psu) qui entre en surface en provenance de l'Atlantique (*Atlantic Water*, AW) et légèrement moins d'eau froide (13°C) et salée (38.4 psu) qui sort en sub-surface (*Mediterranean Outflow Water*, MOW). Ces échanges se soldent par un flux net d'eau et de chaleur (la Méditerranée gagne de l'eau et de la chaleur par Gibraltar). A une échelle pluriannuelle et en état de quasi-équilibre, ces gains sont compensés par des pertes égales par la surface de la mer Méditerranée qui est donc une source d'eau et de chaleur pour son environnement atmosphérique. La figure 1.6, schématise les principaux éléments de couplage du système climatique régional (bassin Méditerranéen).

La valeur de ces flux est encore très controversée. Pour la perte d'eau Evaporation - Précipitations - Ruissellement (E-P-R), les valeurs obtenues s'échelonnent de -0.47 m/an à 1.31 m/an.

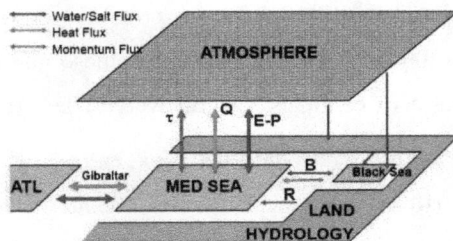

Figure 1.6 : *Schéma récapitulatif du système climatique régional (bassin Méditerranéen) et éléments du couplage. (D'après le rapport HyMex, (Suc & Somot, 2009)).*

Pour le flux net de chaleur (perte par la surface, gain par Gibraltar), les incertitudes sur les flux de chaleur en Méditerranée sont à ce jours majeures tant du point de vue de l'état moyen mais aussi de la variabilité (Casado-Lopez et al., 2009). La valeur de -7 ± 3 W.m^{-2} (Béthoux, 1979) semble être plus unanime. Par ailleurs, Bryden et al. (1994) donnent une valeur pour le flux d'eau entrant à Gibraltar de 0.72 ± 0.16 Sv. Boukthir and Barnier (2000) donnent 0.77 Sv mais Béthoux (1979) donnent 1.68 Sv. Rappelons que la différence entre le flux entrant à Gibraltar et le flux sortant est de l'ordre de 0.08 Sv.

1.2.2 Influences climatiques de la Méditerranée

A travers la MOW (*Mediterranean Outflow Water* : Eau de sub-surface à la sortie de la Méditerranée. Caractérisée par une température de 13 °C et une salinité de 38.4 psu), la Méditerranée influence l'Océan Atlantique comme une source de sel et de chaleur qui se stabilise en densité vers 1000 m de fond (Curry et al., 2003; Potter & Lozier, 2004). Reid (1979) montre ainsi que l'eau méditerranéenne peut avoir une influence sur la circulation thermohaline globale en tant que source de sel en sub-surface, favorisant la convection profonde en hiver aux hautes latitudes de l'Atlantique Nord. Une répercussion sur le climat est donc possible par cette rétroaction. Mauritzen et al. (2001) émet également l'hypothèse que la salinité de la MOW influence les eaux centrales (Central Waters) de l'Atlantique Nord.

Le fait que le temps de résidence des eaux, entre 10 et 100 ans suivant les masses d'eau (Robinson et al., 2001), en Méditerranée soit beaucoup plus faible que dans l'océan global implique que la mer Méditerranée agit de plus comme un révélateur rapide des anomalies locales du climat et peut les transmettre à l'Atlantique (Béthoux et al., 1999).

Par ailleurs, par sa surface, la Méditerranée est une source de chaleur et d'eau pour l'atmosphère. Il a été montré que la mer Méditerranée influe sur le climat de manière très locale (Lebeaupin et al., 2005), de manière régionale avec un impact sur la cyclogénèse méditerranéenne (Alpert et al., 1990; Barlan & Caillaud, 2004) et sur le climat régional (Somot, 2000; Li, 2005) mais aussi sur l'ensemble de l'hémisphère nord (Li, 2005),voire sur la mousson africaine (Fontaine et al., 2002; Rowell, 2003; Peyrille and Lafore, 2005). Les modifications climatiques engendrées par la SST de la Méditerranée semblent se propager soit par des advections en basses couches (exportation de chaleur et d'humidité), soit par des modifications de la position nord de la cellule de Hadley sur l'Afrique ou encore par une modification du jet-stream Asiatique qui démarre au nord de l'Afrique et agit comme un guide d'onde (Li, 2005).

1.2.3 Influences du climat sur la Méditerranée

Par les échanges de chaleur et d'eau à travers la surface, la Méditerranée est également soumise à de nombreuses influences climatiques. La figure 1.7, schématise les principaux facteurs ayant des impacts sur le climat Méditerranéen et sa variabilité.

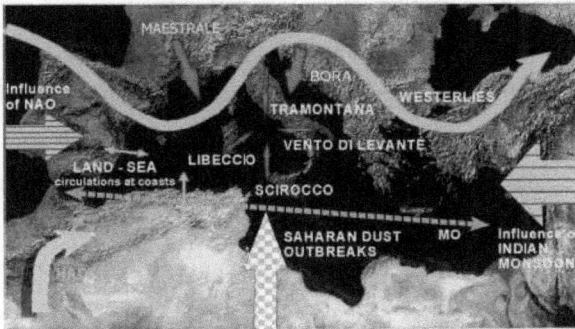

Figure 1.7 : *Facteurs ayant des impacts sur le climat Méditerranéen et sa variabilité. (D'après le rapport RICAMARE (Bolle, 2003)).*

La région méditerranéenne constitue une zone de transition entre les climats semi-arides (le sud du bassin) et les climats tempérés (le nord du bassin), sous l'influence des circulations synoptiques des latitudes moyennes et de la variabilité climatique tropicale, particulièrement durant la période hivernale. En été, du fait de la progression vers le nord de l'anticyclone des Açores, la région méditerranéenne est plus isolé et largement sous l'influence de circulations atmosphériques locales. Au nord une grande partie de la variabilité atmosphérique est sous l'influence de flux atmosphériques d'ouest contrôlés par les positions respectives de l'anticyclone des Açores et de la dépression d'Islande et modulée par l'intensité et la phase de l'Oscillation Nord Atlantique (NAO) (Hurrell & Van Loon, 1997; Plaut et al., 2001; Xoplaki, 2002; Hurell et al., 2003;

Trigo et al.,2004). Donc, le climat méditerranéen, en particulier la nord Algérien, est influencé par les dépressions venues de l'Atlantique soit directement soit parce qu'elles sont réactivées en passant au-dessus de la mer Méditerranée.

Se situant au sud du "couloir ou rail" des tempêtes de l'Atlantique Nord (*storm-track*), le bassin ouest de la Méditerranée est sous l'influence des dépressions des moyennes latitudes qui contrôlent le taux de précipitations, surtout pendant l'hiver quand l'influence de la NAO est la plus importante (Rodriguez-Fonseca and Castro, 2002). Le sud du bassin est aussi sous l'influence de la partie descendante de la cellule de Hadley associée à l'anticyclone des Açores. L'Est du bassin est sous l'influence de télé-connections avec l'oscillation sud d'El Nino (ENSO) et la mousson asiatique (Rodwell & Hoskins 1996; Rodo et al., 1997; Price et al. 1998; Reale et al., 2001; Mariotti et al., 2002). D'autres télé-connections ont été trouvées entre le NAWA (indice *North Africa – West Asia*) (Paz et al., 2003) et le climat méditerranéen ou encore entre la mousson indienne et la zone méditerranée (Raicich et al., 2003). Plus localement, le relief joue également un rôle important en créant des vents régionaux. Autour du bassin, les reliefs (Pyrénées, Massif Central, Alpes, relief balkanique, monts turcs, reliefs espagnols et Atlas) contraignent en effet fortement la circulation atmosphérique en basse couche. Certains vents régionaux se créent en réponse à ces contraintes. Le Mistral et la Tramontane sont connus en France mais la Bora en Italie, les Etésiens en mer Egée ou le Sirocco venant du sud sont également importants et influencent la météorologie et le climat du bassin méditerranéen ainsi que la circulation de la mer Méditerranée.

Reconstitution et validation des champs climatologiques

Pour examiner les composantes du flux de chaleur à l'interface océan–atmosphère, la source de données la plus juste est la mesure faite par les bouées et les bateaux où différents instruments et techniques sont utilisés. Cependant, de telles données ne permettent pas l'investigation de ces caractéristiques à une échelle régionale comme la méditerranée, à cause de la dispersion et l'insuffisance de ces données *in situ*.

Bien que les perfectionnements dans la mesure et la détermination de ces flux air-mer, les utilisateurs ont besoin de méthodes robustes et simples pour estimer ces flux à différentes échelles. Les formules *Bulk* sont souvent utilisées, en utilisant les paramètres moyens. Toutefois, la précision des flux *Bulk* ne dépend pas uniquement de la paramétrisation (équations empiriques) mais aussi de la détermination des paramètres météorologiques moyens.

2.1 Données utilisées

2.1.1 Données *in situ* de MEDATLAS II

MEDATLAS 2002 (*MEDiterranean and black sea database of temperature, salinity and bio-chemical parameters – climatological ATLAS*) contient le jeu de données le plus complet actuellement disponible pour la Méditerranée et la mer Noire (MEDAR Group, 2002). Ce jeu de données provient d'environ 150 laboratoires de 33 pays Méditerranéens et les mesures sont collectées depuis 1889 jusqu'à 2000.

Dans notre cas, nous ne disposons que des données de mesures du type bouteille (88323 stations) et CTD (35679 stations) du niveau de la surface (0 mètres). Ces données concernant uniquement les deux paramètres de la surface Méditerranéenne : la température (SST en °C) et la salinité (SSS en psu) du domaine contenant le contour géographique de la méditerranée (8° à 36.5° Est × 30° à 46° Nord). En plus, nous n'avons conservé que les données de bonne qualité.

Après avoir conserver que les données dont la qualité était vérifiée bonne, la distribution spatiale des données est donnée dans la figure 2.1. Cette figure représente la saison d'été (JAS) et celle d'hiver (JFM), toutefois, le traitement et l'analyse ont été réalisées pour les 12 saisons (chevauchées) et les 12 mois. Elle montre que la densité moyenne des observations est plus faible durant l'automne et l'hiver, il y a beaucoup plus de données dans le bassin occidental que dans le bassin oriental et la couverture des zones de l'Adriatique et celle du golfe du Lion est extrêmement dense, alors que, le sud du bassin Levantin et le plateau Tunisien souffrent d'un manque sévère de données. Ces distributions inégales sont dues au fait que certaines régions font l'objet d'études et de campagnes plus fréquentes.

Les distributions des données montrent que certaines saisons sont beaucoup plus échantillonnées que d'autres et le nombre d'observations est plus faible durant la période automne–hiver qu'en printemps–été (figure 2.2). Ces hétérogénéités temporelles sont l'effet des conditions météorologiques et de la tendance de faire plus d'investigations pour certains processus spécifiques, par exemple, dans le golfe du Lion pour le suivi de la formation des eaux profondes.

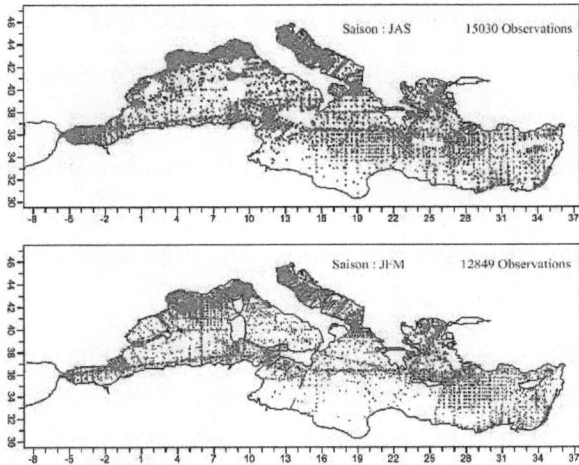

Figure 2.1 : *Distribution spatiale des données SST et SSS saisonnières (Calculées à partir de base MEDATLAS II)*

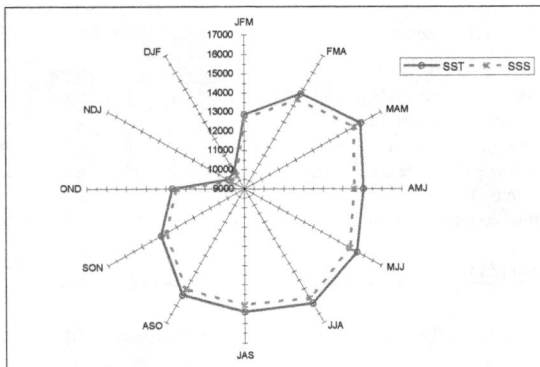

Figure 2.2 : *Distribution saisonnière des données SST et SSS.*

La chronologie des données de SST et de SSS sur la période 1900–2000 montrent que plus de 97% des observations sont représentatives de la période 1946–2000.

2.1.2 Données des réanalyses ERA-40 de l'ECMWF

Les projets des réanalyses de l'atmosphère globale constituent un avancement majeur pour les études en météorologie, océanographie, climatologie et autres domaines. Ces projets produisent des données sur des grilles régulières sur des périodes incomplètes (par exemple 1957-1969) ou entièrement manquantes et appliquent des systèmes d'assimilation avancés sur de longues périodes.

Le projet ERA-40 du Centre Européen pour les Prévisions à Moyenne échéance (*ECMWF*) a produit une analyse globale complète pour une période de 45 ans: de septembre 1957 à août 2002. Toutes les données et informations sur ERA-40 sont disponibles sur le site *http://www.ecmwf.int/research/era/*. Le tableau 2.1 présente les paramètres de surface que nous avons utilisé notre travail.

Tableau 2.1 : *Paramètres de base des réanalyses ERA-40 de l'ECMWF*

Paramètre	Analyse	Prévision	Code	Unités
Température de surface de la mer (T_S)	×		34	°K
Nébulosité totale (couverture nuageuse C)	×	×	164	(0-1)
Composante méridionale du vent à 10 m (u)	×	×	165	m/s
Composante zonale du vent à 10 mètres (v)	×	×	166	m/s
Température de l'air à 2 mètres (T_A)	×	×	167	°K
Température du point de rosée à 2 mètres (T_D)	×	×	168	°K
Albédo α (climatologie)	×		174	
Evaporation (cumul)		×	182	m d'eau

L'extraction des données a été effectuée uniquement sur les paramètres mensuels nécessaires au calcul des composantes du flux de chaleur air-mer à savoir T_A, C, u, v, T_D et α. Ces paramètres ont été extraits sur une grille régulière de $2.5° \times 2.5°$ qui englobe le contour géographique de la méditerranée. De même, les flux de chaleur à l'interface air-mer (solaire, infrarouge, sensible et latente) réalisés par le modèle de l'ECMWF ont été extraits de la base ERA-40. Ces flux sont des cumuls mensuels ($W/m^2 s$).

Pour les besoins de la validation, nous avons utilisés plusieurs climatologies de l'océan global, contenant la surface Méditerranéenne, du flux de chaleur à l'interface océan–atmosphère. Les données utilisées pour produire ces climatologies diffèrent dans leurs résolutions spatio-temporelles et leurs sources (observations ou réanalyses). Le choix de ces atlas est basé sur la période utilisée (minimum de 10 années) pour l'élaboration des climatologies. Ainsi, les atlas suivants sont utilisés :

- Atlas des flux océan–atmosphère du Centre d'Océanographie de Southampton (SOC): Les estimations des flux air–mer ont été réalisées par Josey et al. (1999) au Centre Océanographique de Southampton (SOC). Ces flux sont obtenus à partir des données in situ (rapports des bateaux ou observations de bouées) entre 1980 et 1993. La climatologie des flux est donnée sur une grille de $1°×1°$ entre $84.5°S$ et $84.5°N$. Source : http://www.soc.soton.ac.uk/JRD/MET/fluxclimatology.html

- Atlas de l'Université de Wisconsin Milwaukee/Compréhensive Série de Données Océan-atmosphère (UWM/COADS): Les flux air–mer ont été produits par Da Silva et al. (1994) en collaboration avec le NODC (Centre de Données Océanographiques National/USA) et NOAA (Administration National Océanique et Atmosphérique/USA). Cet atlas décrit les flux à interface océan–atmosphère sur l'océan global, en utilisant les observations de la surface ou les rapports collectés entre 1945 et 1989 par les bateaux. Source : http://www.nodc.noaa.gov/

- Atlas du NCEP/NCAR: Les données utilisées pour élaborer la climatologie des flux sont les réanalyses exécutées conjointement par NCEP et NCAR avec le système d'assimilation du NCEP sur la période 1958–1997. Les flux sont fournis sur une grille Gaussienne $1.8°×1.8°$.

Ces réanalyses sont décrites par Kalnay et al. (1996). Source :
http://www.scd.ucar.edu/dss/pub/reanalysis /

– Atlas des réanalyses ERA-15: Les données utilisées pour élaborer la climatologie des flux sont les réanalyses du projet ERA-15 de l'ECMWF (Gibson et al, 1997) sur la période 1979–1993. Les flux sont fournis sur une grille de 1.125°×1.125°.

2.2 Restitution des séries de données *in situ* de SST et SSS

2.2.1 Grille du domaine d'étude et calcul des SST et SSS mensuels et saisonniers

Une méthode simple a été adoptée pour la définition des points géographiques du domaine d'étude. La Méditerranée a été subdivisée en sous–domaines ou zones géographiques rectangulaires dont les limites géographiques sont données dans le tableau 2.2. Le choix de ce zonage est soutenu par : i)– l'utilisation de ces sous domaines dans le contrôle de qualité et la paramétrisation régionale des données de base de *MEDATLAS II*; ii)– ces zones représentent le maillage spatial avec lequel on peut filtrer les caractéristiques les plus détaillées de la circulation océanique et les propriétés de la surface Méditerranéenne.

Par la suite, chaque zone est représentée par un point ayant les coordonnées géographiques, le centre de chaque rectangle (tableau 2.2). Ainsi, l'ensemble de ces points représente la grille spatiale sur laquelle les champs mensuels et saisonniers de SST et SSS seront construits.

Les données sont moyennées spatialement sur chacun des sous–domaines par mois et par saison. Ainsi pour chaque paramètre, pour chaque mois et chaque saison on obtient 29 séries chronologiques, sur la période 1889–2000, contiendront un nombre considérable de données manquantes.

Tableau 2.2 : *Limites géographiques des sous domaines de la méditerranée*

N°	Code	NOM	Lati Mini	Lati Maxi	Long Mini	Long Maxi	Point du centre Lati	Point du centre Long
01	DS6	ALBORAN SW	35.00	36.00	-5.60	-3.00	35.50	-4.30
02	DS5	ALBORAN NW	36.00	37.50	-5.60	-3.00	36.75	-4.30
03	DS8	ALBORAN SE	35.00	36.00	-3.00	-1.00	35.50	-2.00
04	DS7	ALBORAN NE	36.00	37.50	-3.00	-1.00	36.75	-2.00
05	DS3	ALGERIAN BASIN SW	35.60	38.50	-1.00	4.50	37.05	1.75
06	DS2	BALEARIC SEA	38.50	42.00	-0.40	4.50	40.25	2.05
07	DS4	ALGERIAN BASIN SE	36.50	39.30	4.50	8.40	37.90	6.45
08	DF1	ALGERIAN B. NORTH	39.30	42.00	4.50	9.30	40.65	6.90
09	DF2	GULF OF LIONS	42.00	43.60	2.80	6.30	42.80	4.55
10	DF3	LIGURIAN SEA WEST	42.00	44.50	6.30	9.40	43.25	7.85
11	DI1	SARDINIA STRAIT	36.80	39.30	8.40	10.00	38.05	9.20
12	DF4	LIGURIAN SEA EAST	42.80	44.30	9.40	10.80	43.55	10.10
13	DI3	SICILIA STRAIT	36.00	38.00	10.00	14.00	37.00	12.00
14	DT4	TYRRHENIAN 4	38.00	38.50	10.00	15.00	38.25	12.50
15	DT3	TYRRHENIAN 3	38.50	39.30	10.00	16.30	38.90	13.15
16	DT1	TYRRHENIAN (NW) 1	39.30	42.80	9.30	13.80	41.05	11.55
17	DT2	TYRRHENIAN (NE) 2	39.30	41.30	13.80	16.10	40.30	14.95
18	DT5	TYRRHENIAN 5	38.00	38.50	15.00	16.00	38.25	15.50
19	DJ5	IONIAN 2 (SOUTH)	30.10	36.00	10.00	22.50	33.05	16.25
20	DJ7	IONIAN 4 (MIDDLE)	36.00	38.00	14.00	22.50	37.00	18.25
21	DJ6	IONIAN 3 (NW)	38.00	40.60	16.13	18.00	39.30	17.065
22	DJ4	IONIAN 1 (NE)	38.00	40.00	18.00	22.50	39.00	20.25
23	DJ1	ADRIATIC NORTH	41.90	45.90	12.1833	15.1167	43.90	13.65
24	DJ2	ADRIATIC MIDDLE	40.60	44.90	15.1167	18.0333	42.75	16.575
25	DJ3	ADRIATIC SOUTH	40.00	42.80	18.0333	19.90	41.40	18.967
26	DH1	AEGEAN SEA	35.25	41.20	22.50	27.30	38.225	24.90
27	DH2	CRETAN PASSAGE	31.00	35.25	22.50	27.30	33.125	24.90
28	DH3	LEVANTINE BASIN	30.70	37.0667	27.30	36.50	33.883	31.90
29	DL0	MARMARA SEA	40.20	41.0833	26.8333	30.00	40.642	28.417

- *Les latitudes sont en degrés Nord et les longitudes négatives correspondent à l'Ouest ;*
- *Les noms des régions géographiques de la Méditerranée sont tirés des définitions du Bureau Hydrographique International "I.H.B" (publication Spéciale N°23 (1953) et rapportées dans le manuel UNESCO/IOC).*

Les séries chronologiques montrent que : aucune des 29 séries n'est complète; la période 1930–1945 est pratiquement vide; les données manquantes sont plus fréquentes sur la partie sud de la méditerranée; la série de la zone numéro 29 (mer de Marmara) peut être considérée comme vide et la période 1946–2000 contient presque la totalité des données.

2.2.2 Reconstitution des séries temporelles de SST et SSS

Afin d'obtenir des séries complètes sur une longue période de SST et SSS, nous avons reconstruits les valeurs manquantes mensuelles et saisonnières des 28 séries obtenues. La série 29 correspondant à la mer Marmara est éliminée car le nombre de données est trop faible. Trois méthodes de récupération de longues séries sont adoptées : i)– l'analyse de variance pour regrouper deux ou trois séries de la même région géographique (zones les plus voisines); ii)– l'analyse de régression pour fusionner deux séries bien corrélées et voisines; iii)– l'interpolation triangulaire spatio-temporelle, triangularisation spatiale sur le champ saisonnier pour remplacer la valeur saisonnière manquante par la moyenne spatiale des valeurs des séries les plus voisines et par la suite spatiale et temporelle sur le champ mensuel pour remplacer la valeur mensuelle manquante.

La technique de l'analyse de variance est appliquée aux couples et triplets de séries ayant les caractéristiques communes suivantes : contiennent un nombre important de données manquantes; appartiennent au même bassin de la Méditerranée (représentent les caractéristiques d'une même masse d'eau) et sont plus proches les unes des autres.

Les résultats de l'analyse de variance appliquée aux SST et SSS mensuelles montrent qu'avec un risque d'erreur de $\alpha=1\%$, l'hypothèse nulle (égalités des moyennes des séries) n'est rejetée que pour quelques cas exceptionnels à cause de la taille des échantillons (nombre d'observations très faible); la distribution des données mensuelles de SST et SSS est statistiquement la même dans les différentes zones du domaine d'étude. Ceci est valable pour les données saisonnières. En conséquence, le regroupement respectif de chaque couple et chaque triplet de séries en une seule série et la concaténation des sous–régions correspondantes nous a permis d'obtenir une nouvelle grille spatiale (figure 2.3) contenant 18 points au lieu de 28. Chacun des 18 points a pour coordonnées géographiques, le centre de la zone correspondante (tableau 2.3). En moyennant spatialement sur chacune des 18 nouvelles zones géographiques, 18 séries chronologiques sur la période 1900–2000 sont obtenues pour chaque mois, chaque saison et chaque paramètre (SST et SSS).

Les distributions des séries saisonnières de SST et SSS obtenues que montrent que le nombre de données manquantes est considérablement diminué. Il y a beaucoup de vide sur l'ensemble des sous–régions de la méditerranée durant la période antérieure à 1955 et les données manquantes sont devenues des cas isolés sur la période 1955–2000. De ce fait, l'interpolation est possible à partir de 1955.

A partir des séries les plus proches et les plus corrélées, l'analyse de régression est appliquée pour d'estimer au mieux les valeurs manquantes de l'une des 18 séries de données saisonnières de SST et SSS, sur la période 1955–2000. Une équation de régression linéaire simple est établie pour chaque couple de séries de données saisonnières ayant un coefficient de corrélation significatif supérieur à 0.8.

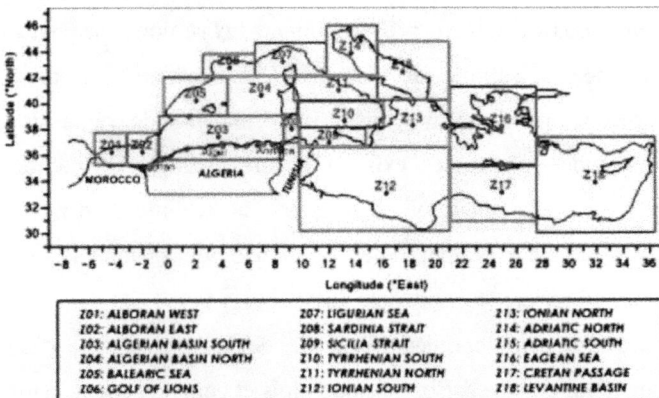

ZO1: ALBORAN WEST	ZO7: LIGURIAN SEA	ZI3: IONIAN NORTH
ZO2: ALBORAN EAST	ZO8: SARDINIA STRAIT	ZI4: ADRIATIC NORTH
ZO3: ALGERIAN BASIN SOUTH	ZO9: SICILIA STRAIT	ZI5: ADRIATIC SOUTH
ZO4: ALGERIAN BASIN NORTH	ZIO: TYRRHENIAN SOUTH	ZI6: EAGEAN SEA
ZO5: BALEARIC SEA	ZI1: TYRRHENIAN NORTH	ZI7: CRETAN PASSAGE
ZO6: GOLF OF LIONS	ZI2: IONIAN SOUTH	ZI8: LEVANTINE BASIN

Figure 2.3 : *Domaine d'étude définie par 18 points de la grille spatiale (Chaque point représente une sous-région de la Méditerranée).*

Tableau 2.3 : *Limites géographiques des 18 zones (sous régions) de la méditerranée*

N°	Code	NOM	Lati Mini	Lati Maxi	Long Mini	Long Maxi	Point du centre Lati	Point du centre Long
01	Z01	ALBORAN WEST	35.00	37.50	-5.60	-3.00	36.25	-4.30
02	Z02	ALBORAN EAST	35.00	37.50	-3.00	-1.00	36.25	-2.00
03	Z03	ALGERIAN BASIN SOUTH	35.60	39.30	-1.00	8.40	37.45	3.70
04	Z04	ALGERIAN BASIN NORTH	39.30	42.00	4.50	9.30	40.65	6.90
05	Z05	BALEARIC SEA	38.50	42.00	-.40	4.50	40.25	2.05
06	Z06	GULF OF LIONS	42.00	43.60	2.80	6.30	42.80	4.55
07	Z07	LIGURIAN SEA	42.00	44.50	6.30	10.80	43.25	8.55
08	Z08	SARDINIA STRAIT	36.80	39.30	8.40	10.00	38.05	9.20
09	Z09	SICILIA STRAIT	36.00	38.00	10.00	14.00	37.00	12.00
10	Z10	TYRRHENIAN SOUTH	38.00	39.30	10.00	16.30	38.65	13.15
11	Z11	TYRRHENIAN NORTH	39.30	42.80	9.30	16.10	41.05	12.70
12	Z12	IONIAN SOUTH	30.10	36.00	10.00	22.50	33.05	16.25
13	Z13	IONIAN NORTH	36.00	40.60	14.00	22.50	38.30	18.25
14	Z14	ADRIATIC NORTH	41.90	45.90	12.18	15.12	43.90	13.65
15	Z15	ADRIATIC SOUTH	40.00	44.90	15.12	19.90	42.45	17.51
16	Z16	AEGEAN SEA	35.25	41.20	22.50	27.30	38.23	24.90
17	Z17	CRETAN PASSAGE	31.00	35.25	22.50	27.30	33.13	24.90
18	Z18	LEVANTINE BASIN	30.70	37.07	27.30	36.50	33.88	31.90

Les résultats de cette analyse indiquent que le nombre de données manquantes reconstituées est plus important pour la salinité que pour la température, surtout dans la région sud-ouest de la Méditerranée (la mer Alboran et le bassin Algérien). Le pourcentage de données de salinité reconstituées est nul sur les régions nord de la Méditerranée (golfe du Lion, Baléares, Adriatique et mer Egée). Ces régions sont mieux échantillonnées comme que nous l'avons vu précédemment. En résumé, on peut dire que 18% de données de salinité saisonnière et 11% de données de température ont été reconstituées, en moyenne, par l'analyse de régression. Pour combler le vide de données existant encore dans les différentes séries obtenues, après l'analyse de régression, la technique d'interpolation triangulaire spatiale et temporelle est appliquée pour chaque saison et pour chacune des 18 séries.

En fin, une série complète, des SST et des SSS sur la période 1955–1999, est obtenue pour chaque saison, chaque mois et chaque zone. L'année 2000 n'est pas reconstituée parce que la base de données *MEDATLAS II* est pratiquement vide durant la fin de cette année.

Sur la base de ces séries de température et salinité de surface restituées à l'échelle du mois et de la saison sur la période 1955–1999, différentes climatologies ont été réalisées pour chaque point de grille ainsi que pour la méditerranée entière.

2.3 Calcul des flux de chaleur à l'interface air-mer

Avant le calcul des différentes composantes du flux de chaleur, nous avons appliqué une interpolation par distance inverse pour projeter toutes les données des réanalyses *ERA-40* à la même grille que celle des données in situ. Le principe de la méthode est le calcul de la valeur du champ en chaque point à partir d'une moyenne pondérée des mesures disponibles. Pour que les données proches du point étudié interviennent davantage que les données plus éloignées dans la moyenne des mesures, les poids sont inversement proportionnels à une certaine puissance (p =2) de la distance entre le point à étudier et le point de mesure.

Le flux net de chaleur à l'interface air-mer est obtenu par l'estimation de chacun de ces quatre composants. Dans ce qui suit, le symbole Q sera utilisé pour représenter le flux de chaleur estimé en W/m^2. Un indice est utilisé pour distinguer les différents composants du flux net.

Le calcul de la valeur mensuelle du flux de rayonnement d'ondes courtes pénétrant à travers la surface de la mer Q_S est basé sur la formule de Reed (1977) qui est utilisée par Rosati and Miyakoda (1988) pour l'océan global et Castellari et al. (1998) pour la Méditerranée:

$$Q_S = (1-\alpha)Q_C(1-0.62C+0.0019\theta_N) \qquad (2.1)$$

Où:

α : est la valeur moyenne mensuelle de l'Albédo de surface de la mer, exprimée en % ou centième et dépend de l'élévation du soleil et de l'état de la mer (calme ou agitée). L'albédo est déterminé comme une fonction de l'angle zénithale du soleil par la formule de Payne (1972);

Q_C : est le rayonnement solaire total qui arrive à la surface de la mer par ciel clair (en W/m²). Pour le calcul de Q_C on utilise la formulation de Reed (1977) ;

C : est la moyenne mensuelle de la couverture nuageuse (en dixième) ;

θ_N : est la moyenne mensuelle de l'élévation ou l'altitude du midi solaire local (en °). θ_N est la moyenne sur toutes les valeurs journalières dans le mois, déterminée suivant la formule de Reed (1977) : $Sin(\theta) = Sin(L) \times Sin(\beta) + Cos(L) \times \cos(\beta)$ avec, β : est la déclinaison solaire et L : latitude du lieu. L'angle zénithal est en fonction d'angle horaire définie par la relation: $\omega = 15(12 - h)$ puisque la moyenne est calculée à 12 heures alors $Cos(\omega = 0) = 1$

Dans le cas où $Q_S > Q_C$ (surestimation dû aux faibles quantités de nuage) on pose $Q_S = Q_C$.

L'équation empirique qui détermine la valeur mensuelle du flux de chaleur infrarouge Q_B a été développée par Bignami et al. (1995) sur la base des mesures effectuées en méditerranée et elle a été choisie par Lindau (2001) pour une analyse du flux sur l'océan Atlantique :

$$Q_B = \varepsilon \sigma T_S^4 - \left[\sigma T_A^4 (0.653 + 0.00535 e_A) \right] (1 + 0.1762 C^2) \qquad (2.2)$$

Où:

ε : L'émissivité de la surface de la mer (rapport d'émission de la radiation de la mer à celle d'un corps noir), ε = 0.98 ;

σ : La constante de Stefan-Boltzman, σ = 5.67 x 10⁻⁸ W m⁻² K⁻⁴ ;

T_S : La température mensuelle de surface de la mer (en °K) ;

T_A : La température mensuelle de l'air à 2 m au-dessus de la mer (en °K) ;

C : La moyenne mensuelle de la couverture nuageuse (en dixième) ;

e_A : La tension de vapeur (mb), elle est proportionnel à l'humidité relative.

$e_A = r \times e_{SAT}(T_A)$ où, e_{SAT} : la tension de vapeur saturante à la température de l'air, calculée par une approximation polynomiale comme une fonction de la température (°K) (Lowe, 1977). L'humidité relative r (en %) peut être calculé à partir de la température de l'air et la température du point de rosée à 2 mètres au-dessus de la surface de la mer par : $r = 100 \times e_{SAT}(T_D)/e_{SAT}(T_A)$ où, T_D et T_A sont respectivement la température du point de rosée et la température de l'air (en °C). La tension de vapeur saturation (mb) à la température de l'air (°C) peut être aussi calculée par la formule de Bolton (1980) comme suit :

$$e_{SAT}(T_A) = 6.112\exp[17.67T_A/(T_A + 243.5)]$$

L'estimation mensuelle du flux de chaleur sensible Q_H est obtenue par la formule *"Bulk"* aérodynamique suivante :

$$Q_H = \rho_A C_P C_H V (T_S - T_A) \qquad (2.3)$$

Où:

ρ_A : La densité de l'air humide, calculée au moyen de la loi des gaz parfaits.

$\rho_A = P_S /(R_d \times T_V)$ avec, P_S est la pression atmosphérique au niveau de surface de la mer; R_d est la constante des gaz parfait dans le cas de l'air sec ($R_d = 287$ $JKg^{-1}K^{-1}$) et T_V est la température virtuelle (en °K) calculée au moyen de la formule de Hess and Seymour (1959) comme suit : $T_V = (T_A/\varepsilon)[(\varepsilon + w) / (1 + w)]$ avec ε le rapport de la masse moléculaire moyenne de l'eau à la masse moléculaire moyenne de l'air sec ($\varepsilon=0.622$) et w le rapport de mélange de l'air.

C_P : est la capacité de la chaleur spécifique de l'air ($C_P = 1.005 \ 10^3$ J kg^{-1} K^{-1}) ;

C_H : est le coefficient du transfert turbulent pour la chaleur sensible. Il est estimé empiriquement en fonction de la différence de la température air-mer et de la vitesse du vent, en prenant en compte l'indice de la stabilité atmosphérique selon le schéma de Kondo (1975) ;

V : est la vitesse du vent (m/s) à 10 m au-dessus de la surface, $V^2 = u^2 + v^2$;

T_S : est la température mensuelle de surface de la mer (en °K) ;

T_A : est la température mensuelle de l'air à 2 m au-dessus de la mer (°K).

La valeur mensuelle du flux de chaleur latente Q_E est calculée par la formule *"Bulk"* aérodynamique suivante :

$$Q_E = \rho_A L_V C_E V \left[e_{SAT}(T_S) - r \times e_{SAT}(T_A) \right] \left(\tfrac{0.622}{P_S} \right) \qquad (2.4)$$

Où :

ρ_A : Densité de l'air humide. Elle est calculée en fonction de la température et l'humidité relative ;

L_V : Chaleur latente de vaporisation (en J/Kg). Elle est calculée en fonction de la température de surface de la mer (°C) selon la formule de Gill (1982) suivante :

$$L_V = (2.501 - 0.00237 \times T_S) \times 10^6$$

C_E: Coefficient du transfert turbulent pour la chaleur latente. Il est estimé empiriquement en fonction de la différence de la température air-mer et de la vitesse du vent, en prenant en compte l'indice de la stabilité atmosphérique selon le schéma de Kondo (1975) ;

V : Vitesse du vent (m/s) à 10 m au-dessus de la surface, $V^2 = u^2 + v^2$;

e_{SAT} : Tension de vapeur saturante à la température de l'air et à la SST, calculée par une approximation polynomiale comme une fonction de la température (Lowe, 1977). $e_{SAT}(T_S)$ peut être aussi calculée selon la formule suivante : $e_{SAT}(T_S) = e_{sd}(1 - 5.37 \times 10^{-4} \times S)$ où, S : salinité de l'eau de mer (en psu) et e_{sd} : la tension de vapeur saturante de l'eau distillée à la température de l'eau de mer, évaluée d'après Dutton (1986) par : $e_{sd} = 6.11 \exp[(L_V/0.1104) \times T_A/(273.16(T_A + 273.16))]$

P_S : Pression atmosphérique au niveau 0 m de la mer (P_S = 1013 mb).

Le flux net mensuel de chaleur Q_{NET} est la somme algébrique des quatre flux de chaleur :

$$Q_{NET} = Q_S + Q_B + Q_H + Q_E \qquad (2.5)$$

Par convention, un gain de chaleur pour l'océan est positif et une perte de chaleur est négative.

Après la projection sur la nouvelle grille (18 points) des données mensuelles extraites de la base des réanalyses *ERA-40*, une routine de calcul de la valeur mensuelle de chaque composante du flux a été réalisée sur la base des équations 2.1 à 2.5. Chaque routine est appliquée sur la période 1958-1999, parce que, les données *in situ* (SST et SSS mensuelles) ont été reconstituées sur la période 1955-1999, les données mensuelles des réanalyses *ERA-40* sont sur une période de 1958 à 2002 pour les mois de janvier à juillet et une période de 1957 à 2001 pour les mois d'août à décembre. Ainsi, la période 1958-1999 a été choisie comme période commune. L'exécution des routines de calcul nous a permis d'obtenir 18 séries sur la période 1958–1999 pour chaque flux de chaleur et chaque mois. En plus, quatre autres séries relatives à chaque flux ont été élaborées, en moyennant par rapport à la surface (moyennes pondérées par la surface de la zone). Ces quatre séries correspondent respectivement aux 3 bassins Méditerranéens (ouest, centre et est) ainsi qu'à la Méditerranée entière. Plusieurs caractéristiques climatologiques ont été calculées également à l'échelle du point de grille (zone), de la région (bassin) et globale (Méditerranée entière).

2.4 Validation des champs reconstitués et calculés

2.4.1 Climatologies des champs SST et SSS

Les moyennes mensuelles calculées, pour chaque sous–région et la Méditerranée entière, montrent que : i)- L'amplitude de variation de la SST est de l'ordre 14°C et celui des salinités est de l'ordre de 3 psu. Ce qui est cohérent avec les observations et les mesures menées jusqu'à présent en Méditerranée. ii)- Les plus fortes valeurs de l'écart–type et du coefficient variation, caractérisant les plus importantes dispersions temporelles ainsi que les plus importantes variabilités interannuelles, se retrouvent dans les zones de formation des eaux profondes en Méditerranée précisément, dans le golfe du Lion et le sud de la mer Egée.

Les cycles annuels moyens calculés (figure 2.4), par rapport à la surface de toute la méditerranée ainsi que ces trois bassins (ouest, centre et est), montrent que : i)- les SST suivent bien un cycle saisonnier très net. Les plus faibles valeurs caractérisent les mois d'hiver et augmentent durant les mois de printemps pour atteindre les plus fortes valeurs au cours des mois d'été puis diminuent en automne. ii)- la salinité augmente dans une direction ouest–est. Les plus faibles valeurs se retrouvent dans l'extrême l'ouest de la mer Alboran et les plus fortes valeurs se trouvent dans l'est du bassin Levantin. Cependant, elle accuse une diminution bien visible dans les régions du Golfe du Lion et le nord de la mer Adriatique. Ceci, semble logique vu la circulation des masses d'eau en méditerranée, l'évaporation intense caractérisant la méditerranée particulièrement dans sa partie orientale et l'apport fluvial du sud Européen. iii)- les eaux de surface les plus froides et les moins salés se trouvent dans la Méditerranée occidentale (18 °C, 37.5) tandis que, les eaux de surface les plus chaudes et les plus salées se localisent dans la Méditerranée orientale (20.8 °C, 38.5).

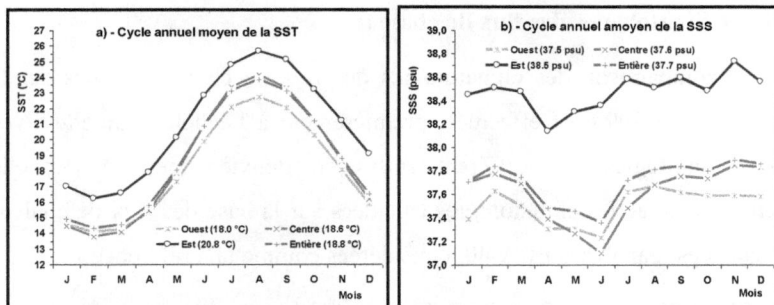

Figure 2.4 : *Cycle annuel moyen (1955-1999) de la SST (a) et SSS (b) calculé par rapport à la surface de toute la méditerranée ainsi que ces trois bassins.*

La figure 2.5, présente la valeur moyenne des SST par zone (Fig. 3a) et celle des SSS (Fig. 3b). Elle montre que cette moyenne varie raisonnablement entre les limites inférieures et supérieures régionales. Ces limites sont élaborées dans le projet MEDAR/MedAtlas 2002 comme fourchettes pour le contrôle de qualité des données et les statistiques des champs océanographiques (EU/IOC Final Workshop, 2002).

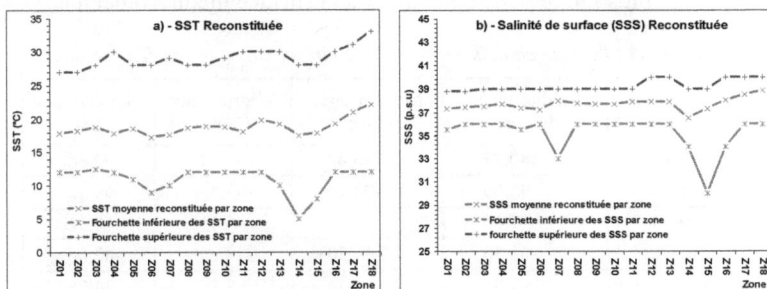

Figure 2.5 : *Moyenne par zone de SST et SSS reconstituées et limites correspondantes.*

Donc, on peut dire que les techniques de reconstruction utilisées nous ont permis de produire des valeurs raisonnables pour les champs de température et de salinité de surface en Méditerranée.

51

2.4.2 Climatologies des flux de chaleur

La comparaison des climatologies des flux de chaleur estimés sur la période 1958-1999 est effectuée, premièrement à l'échelle annuelle, avec les climatologies des différents atlas et, deuxièmement à l'échelle mensuelle, avec les climatologies calculées sur la base des flux de chaleur extraits des réanalyses ERA-40, considérées comme une référence.

a)- Climatologies des flux de chaleur

Le tableau 2.4 présente, à l'échelle globale et régionale, les flux annuels moyens de chaleur à l'interface air-mer en Méditerranée, sur la période 1958-1999. Il montre que le flux solaire est pratiquement l'unique source de gain de chaleur dans la Méditerranée à toutes les échelles. Par contre, le flux infrarouge est la plus forte contribution dans la perte de chaleur. Les flux de chaleur latente et sensible représentent eux aussi une perte de chaleur à toutes les échelles. Cependant, le flux de chaleur sensible représente la plus faible perte de chaleur à la surface méditerranéenne.

Tableau 2.4 : *Flux de chaleur moyens à l'interface air-mer en Méditerranée.*

Flux de chaleur $(W.m^{-2})$	Méditerranée Entière	Méditerranée Ouest	Méditerranée Centre	Méditerranée Est
Solaire	149,77	146,42	147,04	157,36
Infrarouge	-95,09	-92,79	-93,56	-99,76
Sensible	-7,60	-6,69	-6,43	-10,32
Latente	-51,50	-40,50	-38,90	-82,06
Net	-4,38	6,54	8,16	-34,78

A l'échelle annuelle, il y a une perte nette de chaleur dans toute la méditerranée (-4.4 $W.m^{-2}$). Cette perte est générée par la forte perte nette de chaleur dans le bassin oriental (-34.8 $W.m^{-2}$) contre les faibles gains nets dans les bassins occidental et central (6.5, 8.2 $W.m^{-2}$ respectivement). Cette différence régionale dans le flux net est engendrée principalement par la

52

perte de chaleur par évaporation (flux de chaleur latente) qui est deux fois plus intense dans la Méditerranée orientale (-82.1 W.m^{-2}).

b)- *Comparaison à d'autres climatologies*

La climatologie annuelle de chaque flux de chaleur calculée sur toute la Méditerranée est comparée à d'autres climatologies extraites de différents atlas de flux de chaleur à l'interface océan–atmosphère, dans lesquels, les données utilisées pour produire ces climatologies diffèrent dans leurs résolutions spatiales et leurs sources. Ces climatologies extraites, sur la mer Méditerranée, sont données sous forme d'intervalle de valeurs.

Du tableau 2.5, on constate que:

– La climatologie du flux net de chaleur calculé est dans les bonnes gammes, à l'échelle globale aussi bien que régionale, en comparaison aux climatologies basées sur les réanalyses (*NCEP/NCAR et ERA-15*). Elle est plus faible à celle utilisant les données in situ (*SOC*). Elle est en bonne cohérence avec celle basée sur les données in situ (UWM/COADS), sauf pour la Méditerranée orientale où elle est plus faible;

– La climatologie du flux solaire calculé à l'échelle régionale et globale est bien dans les gammes de la climatologie *ERA-15*. Par contre, elle est plus faible que celle des 3 autres climatologies. Ceci signifie que la prise en compte de la couverture nuageuse à l'échelle des régions de la Méditerranée pourrait avoir apporté une meilleure estimation des gains de chaleur par rayonnement solaire;

– La climatologie du flux infrarouge, que nous avons calculés, est légèrement plus faible que les autres climatologies notamment celles basées sur l'observation. Ce qui signifie que, les données SST reconstituées à partir de *MEDATLAS* pourraient avoir apporté une meilleure estimation des pertes de chaleur par rayonnement infrarouge;

– La climatologie du flux de chaleur sensible calculé au niveau global ainsi que régional est du même ordre de grandeurs que les quarte autres climatologies;

Tableau 2.5 : *Climatologies annuelles des flux de chaleur air-mer en Méditerranée.*

Flux de chaleur (Wm⁻²)		Climatologies annuelles				
		SOC (14 ans)	UWM/COADS (45 ans)	NCEP/NCAR (40 ans)	ERA-15 (15ans)	Calcul (42 ans)
Méditerranée Ouest	Solaire	175 à 190	180 à 200	160 à 190	150 à 165	**146,42**
	Infrarouge	-63 à -58	-70 à -58	-85 à – 66	-90 à -70	**-92,79**
	Sensible	-8 à 0	-13 à -6	-60 à -8	-40 à -5	**-6,69**
	Latente	-90 à -60	-80 à -70	-90 à -30	-80 à -30	**-40,50**
	Net	25 à 70	-15 à 40	-15 à 60	-20 à 45	**6,54**
Méditerranée Centre	Solaire	180 à 210	180 à 220	155 à 215	140 à 175	**147,04**
	Infrarouge	-66 à -56	-70 à -58	-90 à -66	-90 à -66	**-93,56**
	Sensible	-9 à -3	-13 à -6	-60 à -6	-40 à -7	**-6,43**
	Latente	-100 à -70	-90 à -80	-110 à -20	-90 à -20	**-38,90**
	Net	30 à 60	0 à 40	-15 à 35	-15 à 30	**8,16**
Méditerranée Est	Solaire	200 à 230	210 à 230	170 à 215	150 à 180	**157,36**
	Infrarouge	-70 à -60	-70 à -63	-100 à -70	-100 à -70	**-99,76**
	Sensible	-10 à -4	-16 à -6	-60 à -10	-50 à -10	**-10,32**
	Latente	-110 à -90	-110 à -90	-120 à -20	-100 à -20	**-82,06**
	Net	25 à 60	-15 à 50	-30 à 5	-30 à 8	**-34,78**
Méditerranée Entière	Solaire	150 à 200	160 à 220	150 à 220	130 à 190	**149,77**
	Infrarouge	-100 à -50	-75 à -50	-100 à -60	-100 à -60	**-95,09**
	Sensible	-50 à 0	-15 à -5	-60 à -5	-50 à -5	**-7,60**
	Latente	-50 à 100	-90 à -60	-100 à -10	-90 à -10	**-51,50**
	Net	0 à 50	-5 à 45	-20 à 35	-20 à 30	**-4,38**

– La climatologie du flux de la chaleur latente calculé à toutes les échelles est dans les mêmes gammes que les autres climatologies. Toutefois, on notera que les pertes sont moins importantes que celles basées sur d'autres observations (SOC et UWM/COADS) dans l'ouest et le centre de la Méditerranée. Ce qui implique que les données SST et SSS, reconstituées à partir de *Med-Atlas 2002*, pourraient avoir apporté une meilleure estimation des pertes de chaleur par évaporation;

Ainsi, la climatologie des flux de chaleur calculés à l'interface air-mer en Méditerranée est dans les bonnes gammes par rapport à d'autres climatologies.

c)- Comparaison à la référence (flux de chaleur des réanalyses ERA-40)

Les moyennes pondérées sur la surface de la méditerranée entière ainsi que sur les surfaces des trois bassins sont utilisées pour établir plusieurs statistiques de comparaison entre les valeurs estimées et les valeurs de la référence (*ERA-40*). Avec leurs équivalents de la référence, les flux moyens et leurs coefficients de variation calculés sont présentés dans le tableau 2.6 dont on constate que :

– Il y a une cohérence raisonnable entre les valeurs de la référence et nos estimations du flux radiatif (solaire et infrarouge). Toutefois, le flux solaire que nous avons calculé est légèrement plus faible que celui *d'ERA-40* (7 W.m^{-2} à l'échelle de toute la surface de la Méditerranée). Ce qui est dû très probablement aux faibles valeurs d'albédo utilisées dans les réanalyses par rapport à celles que nous avons calculées.

Tableau 2.6 : *Caractéristiques (moyenne "Moy" et coefficient de variation "C$_v$") sur la période 1958–1999 des flux de chaleur calculés et ceux obtenus des réanalyses ERA-40.*

	Flux net		Flux solaire		Flux infrarouge		Flux sensible		Flux latent		Source
	Moy	C$_v$	Moy	C$_v$	Moy	C$_v$	Moy	C$_v$	Moy	C$_v$	
Méditerranée entière	-4,38	0,18	149,77	0,03	-95,09	0,02	-7,60	0,20	-51,50	0,11	Calcul
	-8,97	0,53	157,19	0,02	-76,21	0,04	-10,79	0,12	-79,16	0,04	ERA40
Méditerranée Ouest	6,54	0,36	146,42	0,05	-92,79	0,04	-6,69	0,49	-40,50	0,25	Calcul
	3,30	2,21	160,51	0,03	-75,70	0,05	-8,04	0,21	-73,47	0,07	ERA40
Méditerranée Centre	8,16	0,25	147,04	0,04	-93,56	0,03	-6,43	0,29	-38,90	0,21	Calcul
	-12,5	0,41	148,84	0,03	-74,37	0,04	-12,61	0,12	-74,36	0,05	ERA40
Méditerranée Est	-34,8	0,27	157,36	0,03	-99,76	0,04	-10,32	0,33	-82,06	0,16	Calcul
	-28,2	0,24	171,70	0,01	-82,31	0,03	-12,33	0,14	-105,2	0,05	ERA40

La perte de chaleur par rayonnement infrarouge que nous avons estimée est légèrement plus forte (19 W.m^{-2} en moyenne). Ceci est dû très probablement aux SST plus froides utilisées dans les réanalyses *ERA-40* par rapport à celles reconstituées à partir de MedAtlas 2002. Le flux infrarouge calculé représente la plus forte perte de chaleur à toute la surface Méditerranéenne ce qui n'est pas valable pour le flux infrarouge de ERA-40. Ceci donne plus de réalisme à nos estimations du flux de chaleur infrarouge à l'interface air-mer en Méditerranée;

– Il y a bon accord entre les valeurs des réanalyses et nos estimations du flux sensible, cependant, les coefficients de variation du flux de chaleur sensible calculé sont plus importants. Ce qui indique que le flux de chaleur sensible que nous avons estimé est plus réaliste parce que, il décrit mieux les variabilités de ce flux en Méditerranée;

– Le flux de chaleur latente que nous avons estimé est beaucoup plus réaliste que celui obtenu sur la base des réanalyses car, celui basé sur les réanalyses représente la plus forte perte de chaleur (plus forte que celle provoquée par le flux infrarouge) ce qui est anormal. En plus, les coefficients de variation du flux de chaleur latente calculé décrivent mieux la variabilité dans ce flux ;

– Le flux net de chaleur calculé représente une perte nette de chaleur à l'échelle globale, un faible gain net de chaleur dans l'ouest et le centre de la Méditerranée contre une perte nette de chaleur intense à l'est provoquée par le doublement des pertes de chaleur par évaporation (flux de chaleur latente). Le flux net de chaleur des réanalyses *ERA-40* représente une perte nette de chaleur plus forte que celui estimé.

L'augmentation des gains nets de chaleur calculés dans le centre de la Méditerranée est due très probablement au refroidissement intense des SST et à la diminution des salinités de surface dans le nord de l'Adriatique. L'impact des pertes de chaleur par évaporation sur le flux net de chaleur est plus net dans nos estimations car, l'évaporation est la caractéristique la plus importante en Méditerranée. En plus, les coefficients de variation du flux net des réanalyses sont plus importants par rapport à ceux des calculs, alors que, c'est l'inverse qui se produit concernant les composantes du flux net, ce qui est anormal.

Les valeurs de l'erreur quadratique moyenne normalisée montrent que la différence entre l'estimation et la référence est rencontrée principalement dans les flux de chaleur latente et sensible. Elle est due aux pertes plus fortes de chaleur par ces deux flux obtenus à partir des réanalyses *ERA-40* qui utilisent très probablement des SST plus froides. Ceci met en évidence l'importance des données des SST restituées à partir de *Med-Atlas 2002*.
Donc, on peut dire que le flux net de chaleur calculée est plus réaliste que celui obtenu à partir des réanalyses *ERA-40*.

La chronologie des séries annuelles des flux de chaleur latente, sensible et nette moyennés par rapport à la surface de la méditerranée entière (Figure 2.6) montre qu'à l'exception de la période 1997–1999 où ils évoluent en sens inverse, les flux calculés et ceux des réanalyses évoluent d'une manière relativement similaires, toutefois, les flux de chaleur estimés présentent une amplitude de variation interannuelle assez prononcée par rapport à ceux de la référence. Les réanalyses présentent une tendance vers une augmentation de ces flux, à partir du début des années 80. Par contre, cette tendance n'est pas évidente dans les flux calculés. Ceci pourrait provenir de l'utilisation de données de température en augmentation continue dans les réanalyses, alors que cette tendance n'est pas vue dans les reconstitutions basées sur MedAtlas 2002.

Par rapport à la surface de toute la méditerranée, nous avons encore comparés le cycle annuel moyen du flux net de chaleur ainsi que ses quatre composantes calculés et ceux obtenus à partir des réanalyses ERA-40 (Figure 2.6). Les résultats montrent que les cycles annuels moyens calculés et ceux d'*ERA-40* ont des amplitudes saisonnières comparables. Toutefois, le cycle du flux solaire calculé présente une amplitude de variation légèrement plus faible que celle des réanalyses.

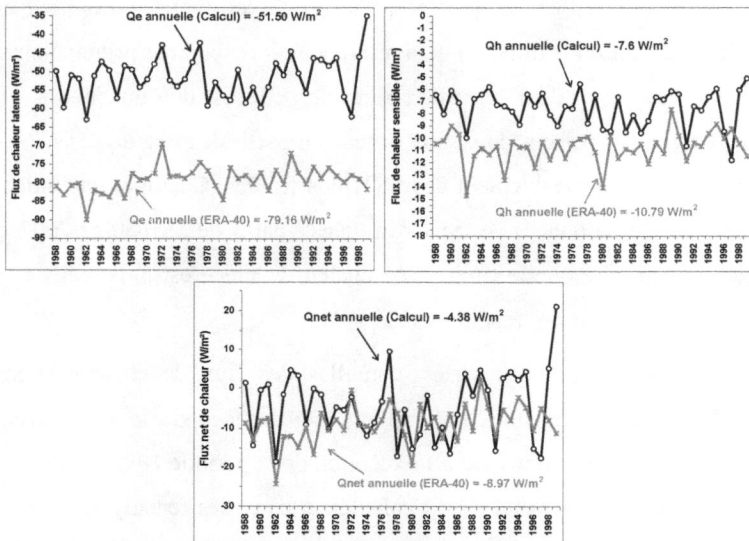

Figure 2.6 : *Chronologie des séries annuelles des flux de chaleur latente, sensible et net moyennés par rapport à la surface de la méditerranée entière. Ces flux sont ceux de la référence (ERA–40) contre ceux calculés sur la période 1958-1999.*

Le cycle annuel du flux net calculé présente un maximum de pertes nettes de chaleur en décembre alors que celui des réanalyses a le maximum de pertes nettes de chaleur en novembre. Le maximum absolu de gain net de chaleur dans le cycle annuel obtenu des réanalyses se produit en mai alors que, ce maximum absolu de gain est décalé vers le mois de juin pour le flux net calculé. En plus, les plus forts gains nets de chaleur du flux des réanalyses sont plutôt décalés vers le printemps ce qui les rend moins réalistes car, la surface Méditerranéenne est plus chaude en été qu'au printemps.

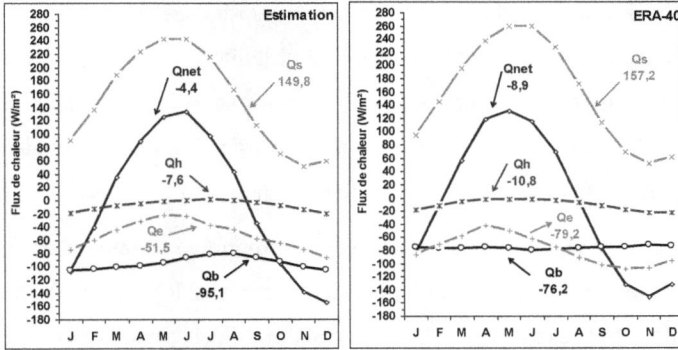

Figure 2.7 : *Cycle annuel moyen (1958-1999) des flux de chaleur calculés et leurs équivalents des réanalyses ARA-40.*

La plus grande différence est observée dans les cycles annuels moyens des flux de chaleur infrarouge et latente. Le flux infrarouge calculé présente la plus forte perte de chaleur à la surface de la Méditerranée, alors que ce n'est pas le cas concernant le flux des réanalyses notamment durant la période automne–hiver. Le flux infrarouge estimé présente un minimum de perte de chaleur durant la fin de l'été et le début de l'automne alors que, celui des réanalyses présente un maximum de perte en été. La saisonnalité dans le cycle annuel moyen du flux infrarouge des réanalyses est pratiquement absente alors qu'elle est plus prononcée dans le cycle du flux infrarouge calculé ce qui le rend plus raisonnable car, ce flux est basé sur la différence de température entre l'air et la mer qui présente une saisonnalité bien nette. Le flux de chaleur latente présente aussi une saisonnalité plus nette par rapport à celui des réanalyses. On observe, également, une augmentation rapide des pertes de chaleur calculées par évaporation en automne. La perte de chaleur par ce flux calculé est plus faible que celle provoquée par le flux infrarouge. Cependant, ce n'est le cas pour ce flux obtenu à partir des réanalyses.

59

En fin, on peut dire que la climatologie réalisée sur la base des flux de chaleur calculés à l'interface air-mer en Méditerranée est en accord avec les autres climatologies dérivées de différentes sources de données. Plutôt, elle est plus réalise que celle élaborée à partir des flux de chaleur des réanalyses *ERA-40*, considérés comme référence.

Les flux de chaleurs obtenus des centres mondiaux sont basés sur les données de l'océan global qui ne considèrent pas les détails à l'échelle régionale (par exemple, la Méditerranée). Ceci présumerait que les températures et les salinités de surface reconstituées à partir de MedAtlas 2002 et intégrées dans le calcul des flux de chaleur sont, à priori, parmi les données acceptables actuellement disponibles. Les flux de chaleur estimés par notre méthodologie peuvent être utilisés comme un bon outil pour l'analyse des variabilités spatio-temporelles des flux de chaleur à l'interface air-mer en Méditerranée.

2.5 Conclusion

A partir des données *Med-Atlas 2002*, nous avons pu restituer des champs mensuels et saisonniers de température et salinité de surface en Méditerranée, de 1955 à 1999. Ces champs nous ont permis d'estimer de nouveaux champs mensuels de flux de chaleur à l'interface air-mer sur la période 1958–1999, en intégrant d'autres données de références (*ERA-40*), pour la Méditerranée entière. Les champs ainsi reconstruits montrent un certain réalisme.

A l'échelle annuelle, la surface de la mer Méditerranée montre une perte nette de chaleur. Elle est donc une source de chaleur pour son environnement atmosphérique.

Analyse des variations spatio-temporelles des champs de SST, SSS et des flux de chaleur en Méditerranée

L'objectif est de décrire la variabilité de la température, de la salinité de surface et des flux de chaleur tant dans l'espace que dans le temps. Les champs annuels moyens ainsi que leurs champs d'écart-type sont utilisés pour analyser les variations spatiales et détecter les zones de fortes variabilités, les champs moyens du contraste saisonnier sont utilisés pour l'étude des variations saisonnières et les anomalies annuelles dans les trois bassins de la Méditerranée ainsi que dans les zones de formation d'eaux profondes sont utilisées pour décrire les variations interannuelles.

3.1 Variations spatiales

3.1.1 Variations spatiales de la température de surface (SST)

L'analyse du champ annuel moyen et le champ d'écarts–type correspondant des SST reconstituées et validées sur la période 1955–1999 (Figure 3.1) montre que la surface du bassin méditerranéen occidental est occupée par des eaux de 18 °C avec un gradient thermique nord–sud légèrement plus fort que le gradient ouest–est. Les eaux de surface les plus froides se trouvent dans le nord-ouest (golfe du Lion) avec un minimum de 17.3 °C et les eaux les plus chaudes se trouvent dans le bassin Algérien sud avec un maximum de 18.8°C. La variabilité des SST dans ce bassin, matérialisée par le champ d'écarts–type, augmente du sud vers le nord–ouest avec un maximum de 2.3°C dans le golfe du Lion. Donc, les zones de fortes variabilités et de faibles températures occupent le nord–ouest, particulièrement, le golfe du Lion. Par contre, les surfaces les plus stables thermiquement et les plus chaudes occupent le sud de ce bassin.

61

A l'exception de la surface de la mer Adriatique qui a une température moyenne de 17.7°C, le reste de la méditerranée centrale montre une température moyenne de 18.9°C. Dans ce bassin, le gradient nord–sud est aussi plus fort que celui ouest–est. Les températures de surface diminuent du sud–est (20.5°C dans le golfe de Syrte) vers le nord–ouest (17.5°C dans l'Adriatique nord). Dans la mer Adriatique, la variabilité spatiale de la SST augmente dans le sens inverse de son accroissement avec un écart–type maximal dans sa partie nord. Par contre, dans le reste des zones de la Méditerranée centrale, le champ thermique moyen est relativement stable. Donc, les zones de fortes variabilités et de faibles températures occupent le nord de l'Adriatique. Le sud de la mer Ionienne enregistre les plus fortes températures de surface.

A l'exception de la mer Egée où la température de surface varie entre 19 et 20°C, le reste des surfaces de la Méditerranée orientale ont des températures moyennes dépassant les 20°C et peuvent atteindre les 22.2°C dans l'extrême sud–est. Dans la méditerranée orientale, il est possible de distinguer 3 secteurs : un secteur nord représentant la mer Egée, caractérisée par une réduction des SST du sud vers le nord; un secteur central qui représente le passage de Crète et la partie située entre la Crète et Chypre où la SST augmente d'ouest en est; et un secteur sud représentant le sud de Chypre montre les plus fortes températures de toute la Méditerranée avec une augmentation du nord vers le sud. Dans le secteur central, le gradient thermique nord–sud n'est pas assez clair et il est très faible devant le gradient ouest–est. Cependant, à l'échelle de la Méditerranée centrale, ce gradient nord–sud est relativement plus faible que le gradient ouest–est. Au nord de Crète, la variabilité spatiale de la SST augmente dans le même sens que sa décroissance avec un écart–type maximal dans le sud de la mer Egée. Dans le reste des zones de la méditerranée orientale, le champ thermique moyen montre peu de variabilité spatiale. Donc, les plus fortes variabilités thermiques spatiales et les plus faibles températures occupent la surface sud de la mer Egée.

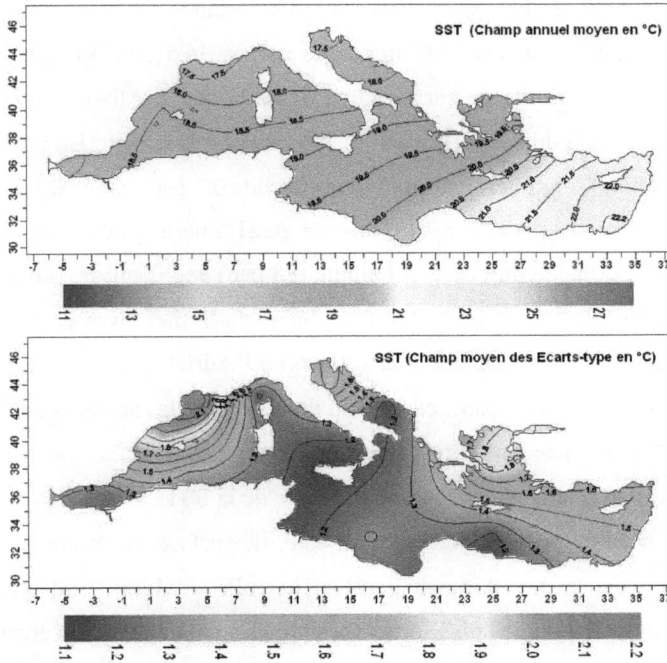

Figure 3.1 : *Champ annuel moyen de la SST et son champ d'écarts type (1955-1999).*

A l'échelle de la Méditerranée entière, le gradient thermique nord–sud (3°C) est plus faible que le gradient ouest–est (4°C). Les zones de fortes variabilités se localisent, par ordre d'importance, dans le golfe du Lion, le sud de la mer Egée et dans le nord de l'Adriatique. Ces zones possèdent aussi les eaux de surface les plus froides. Par contre, les eaux de surface les plus chaudes se localisent, par ordre de grandeur, dans le sud–est du bassin Levantin, le sud de la mer Ionienne et le bassin Algérien.

3.1.2 Variations spatiales de la salinité de surface (SSS)

Le champ annuel moyen des SSS restituées et validées sur la période 1955–1999 et son champ d'écarts–type correspondant, présentés par la Figure 3.2, montrent que dans la Méditerranée entière, sauf pour l'Adriatique nord où les SSS moyennes sont à 36.5 psu, l'augmentation continue de la salinité de surface à partir de la mer d'Alboran (37.2 psu) jusqu'au sud–est du bassin Levantin (38.9 psu) est la caractéristique la plus remarquable. Le gradient de salinité nord–sud (0.3 psu) est plus faible que le gradient ouest–est (1.7 psu). On note aussi, une augmentation relative sous forme d'une cellule anticyclonique (38 psu) englobant les surfaces du sud–ouest de la mer Ligure et le nord-ouest de la mer Tyrrhénienne. Les eaux les moins salées occupent la surface de l'Adriatique avec une cellule cyclonique nette (36.5 psu), centrée au nord. Toutes les surfaces situées au sud de la mer Egée supportent une salinité dépassant les 38 psu avec une configuration relativement semblable à celle de la SST.

Dans la Méditerranée occidentale, les eaux de surface les moins salées se trouvent dans la mer Alboran ouest et le golfe du Lion. Cette dernière région possède aussi les plus fortes variabilités spatiales avec un écart–type maximal (2.8 psu). Les eaux de surface les plus salées et les moins variables occupent le sud–ouest de la mer Ligure. Dans ce bassin, le gradient nord–sud de salinité est plus faible que le gradient ouest–est.

Dans la Méditerranée centrale, le gradient nord–sud est plus fort que le gradient ouest–est. Cependant, ce gradient de salinité devient du même ordre dans l'Adriatique. Les eaux de surface les plus salées occupent le golfe de Syrte, par contre, les eaux les moins salées se localisent dans le nord de l'Adriatique. Le nord de l'Adriatique possède aussi les plus fortes variabilités spatiales de SSS.

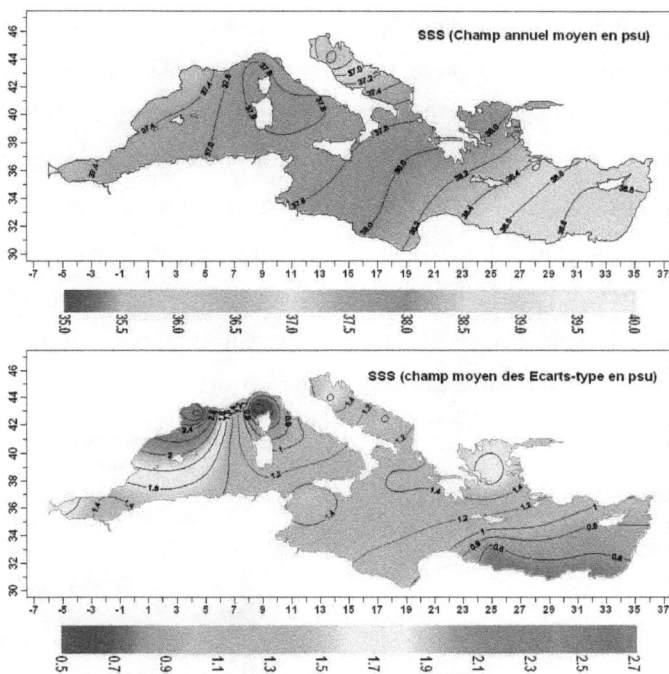

Figure 3.2 : *Champ annuel moyen de la SSS et son champ d'écarts type (1955-1999).*

Dans la Méditerranée orientale, les eaux de surface le plus salées et disposes des plus faibles variabilités spatiales de SSS se trouvent dans le sud du bassin Levantin. Alors que, les eaux de surface les moins salées et possèdes les plus fortes variabilités se localisent dans le sud de la mer Egée avec un maximum de 1.7 psu. A l'exception du nord de la Crète, le gradient nord–sud est plus faible que le gradient ouest–est.

3.1.3 Variations spatiales des flux de chaleur

Le champ annuel moyen correspondant au flux net de chaleur et aux flux de chaleur sensible et latente calculés et validés sur la période 1958–1999 ainsi que leurs champs d'écart–type sont présentés dans les figures

65

3.3, 3.4 et 3.5. L'analyse de ces champs montre que toute la surface de la Méditerranée occidentale présente un gain net de chaleur, à l'exception du nord–ouest (golfe du Lion). Par contre, toute la surface de la Méditerranée orientale montre une perte nette de chaleur, à l'exception du sud de la mer Ionienne. Les surfaces qui ont le maximum de perte nette de chaleur se trouvent sur les bords nord de la Méditerranée en particulier, le golfe du Lion, le nord de l'Adriatique et la mer Egée. Alors que, celles qui ont le maximum de gain net de chaleur se trouvent sur les bords sud de la Méditerranée (la mer Alboran et le golfe de Syrte) (Figure 3.3).

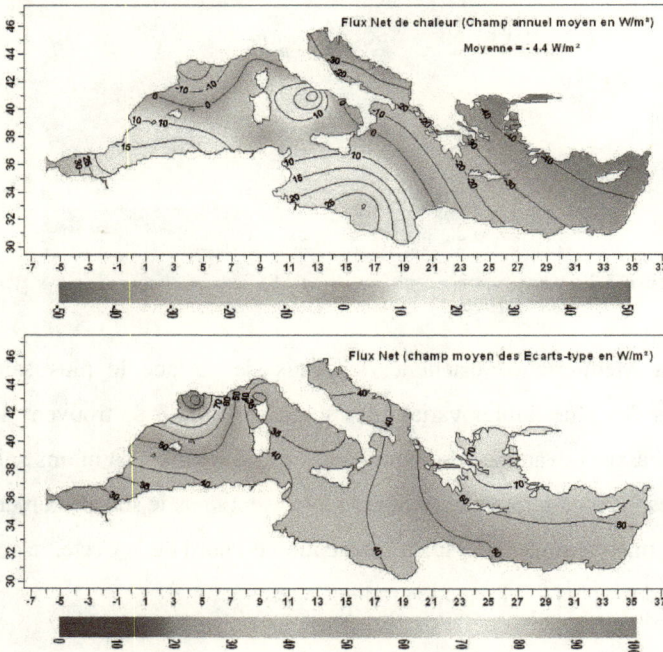

Figure 3.3 : *Champ annuel moyen du flux net de chaleur et son champ d'écarts–type (1958–1999).*

La configuration du flux net annuel moyen est assez semblable à celle du flux de chaleur sensible: Les zones de maximum de perte de chaleur sensible correspondent bien aux régions de maximum de perte nette de chaleur. Celles de minimum de perte de chaleur sensible correspondent bien aux régions de maximum de gain net de chaleur.

Le gradient nord–sud du flux net (de l'ordre de 40 $W.m^{-2}$ dans le bassin occidental, 65 $W.m^{-2}$ dans le bassin central et 20 $W.m^{-2}$ dans le bassin oriental) est deux fois plus important de que le gradient est–ouest dans le bassin occidental (environ 10 $W.m^{-2}$), trois fois plus important que le gradient est–ouest dans la Méditerranée centrale (environ 20 $W.m^{-2}$) toutefois, il est du même ordre dans la Méditerranée orientale.

Dans le bassin méditerranéen occidental, notamment dans le golfe du Lion, la variation dans le flux net de chaleur augmente à partir de la mer Alboran ouest pour atteindre son maximum (environ 100 $W.m^{-2}$) dans le centre du golfe de Lion. Dans la méditerranée centrale, les plus fortes variabilités (40 à 45 $W.m^{-2}$) se trouvent dans l'Adriatique. Dans la méditerranée orientale, la variabilité dans le flux net de chaleur s'accroît du sud vers le nord où elle atteint son maximum (environ 80 $W.m^{-2}$) dans le sud de la mer Egée. Ainsi, ces variations dans le flux de chaleur sont plus nettes dans le golfe du Lion et le sud de la mer Egée que partout ailleurs.

La surface de la Méditerranée perd 7.6 $W.m^{-2}$ par le flux de chaleur sensible (Figure 3.4). Dans la Méditerranée occidentale et centrale, le gradient nord–sud, de l'ordre de 10 à 12 $W.m^{-2}$, est deux à trois fois plus important que le gradient est–ouest. Par contre, dans le bassin oriental, le gradient nord–sud est pratiquement nul alors que, le gradient est–ouest est de l'ordre de 4 $W.m^{-2}$.

Malgré les faibles valeurs de pertes par le flux de chaleur sensible, ce dernier possède une grande variabilité (Figure 3.4). Dans le bassin occidental, les plus fortes variabilités se trouvent dans le golfe du Lion (14 à 23 W.m^{-2}). Dans le bassin central, les plus importantes variations se localisent dans le détroit de Sardaigne, dans le détroit de Sicile et dans le nord de la mer Ionienne. Alors que, dans la Méditerranée orientale, la surface du sud de la mer Egée possède les plus fortes variations dans le flux de chaleur sensible (14 à 16 W.m^{-2}).

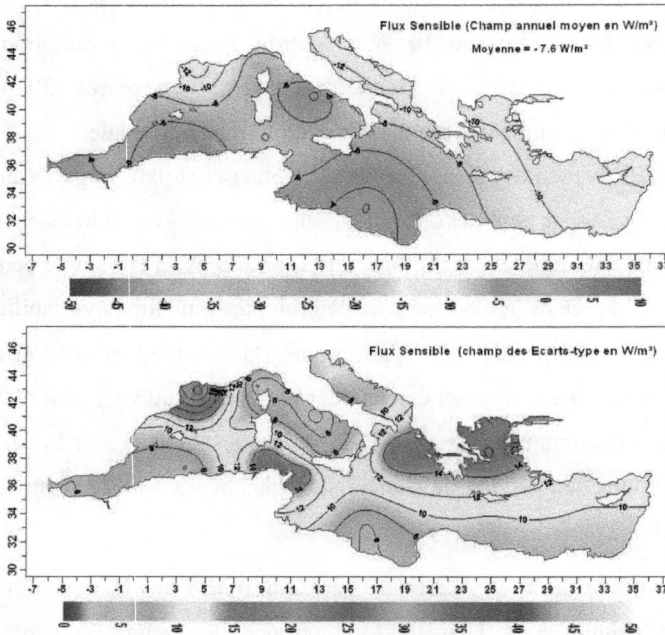

Figure 3.4 : *Champ annuel moyen du flux de chaleur sensible et son champ d'écarts–type (1958–1999).*

Après la perte de chaleur à la surface de la Méditerranée par le flux infrarouge, celle du flux de chaleur latente est la plus importante. Annuellement, elle perd par ce flux 51.5 W.m^{-2} en moyenne. A l'exception d'une augmentation rapide dans le golfe du Lion et une diminution nette dans le nord de la mer Tyrrhénienne, l'accroissement continu de la perte de chaleur latente de l'ouest à l'est est la caractéristique la plus remarquable

68

(Figure 3.5). Ceci reflète bien la distribution de l'évaporation à la surface de la Méditerranée avec une évaporation plus intense dans le bassin Levantin.

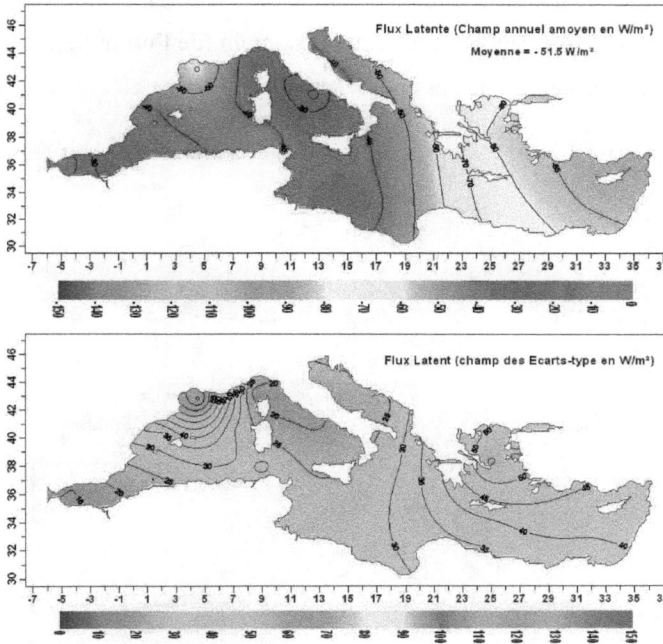

Figure 3.5 : *Champ annuel moyen du flux de chaleur latente et son champ d'écarts–type (1958–1999).*

A l'inverse des autres flux, le gradient nord–sud dans ce flux est pratiquement nul alors que, le gradient est–ouest est très important (environ 60 W.m^{-2}). Et, contrairement aux trois autres composants du flux net de chaleur, le champ du flux latent est le plus variable dans l'espace (Figure 3.5) avec un maximum de variation dans le golfe du Lion (71 W.m^{-2}) et le sud de la mer Egée (56 W.m^{-2}).

Le rayonnement solaire apporte annuellement 150 W.m^{-2} en moyenne à la surface de la méditerranée entière (figure 3.6). Il apporte 120 à 140 W.m^{-2} à la surface de la mer Ligure, de la mer Tyrrhénienne nord et de l'Adriatique. Il apporte aussi, entre 145 à 160 W.m^{-2}, à la surface du reste des régions Méditerranéennes avec un maximum (de l'ordre de 165 W.m^{-2}) dans l'extrême sud–est du bassin Levantin.

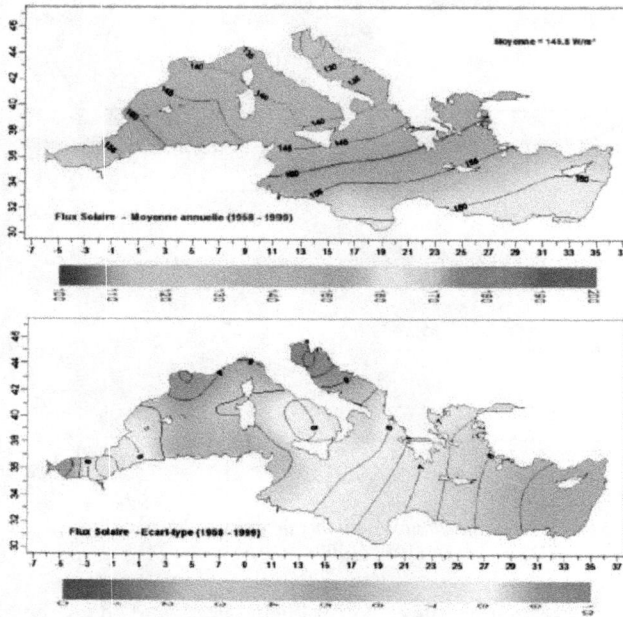

Figure 3.6 : *Champ annuel moyen du flux solaire et son champ d'écarts–type (1958–1999).*

Le champ annuel moyen du flux solaire est caractérisé par un maximum de variabilité de 10 W.m^{-2} dans le nord de l'Adriatique et une faible variabilité ailleurs (figure 3.6). Le gradient nord–sud de ce flux dans la Méditerranée occidentale et orientale (10 W.m^{-2}) est deux fois plus important que le gradient est–ouest. Cependant, dans la Méditerranée centrale, ce gradient nord–sud (40 W.m^{-2}) est huit fois plus important que le gradient est–ouest. Ce contraste dans le rayonnement solaire reflète bien la distribution de la couverture nuageuse dans la région Méditerranéenne.

La surface de la Méditerranée perd 95.1 W.m^{-2} de chaleur par rayonnement de grandes longueurs d'ondes (figure 3.7). Les plus importantes pertes de chaleur se trouvent dans la mer Alboran, dans l'Adriatique, dans la mer Egée et le nord-est du bassin Levantin.

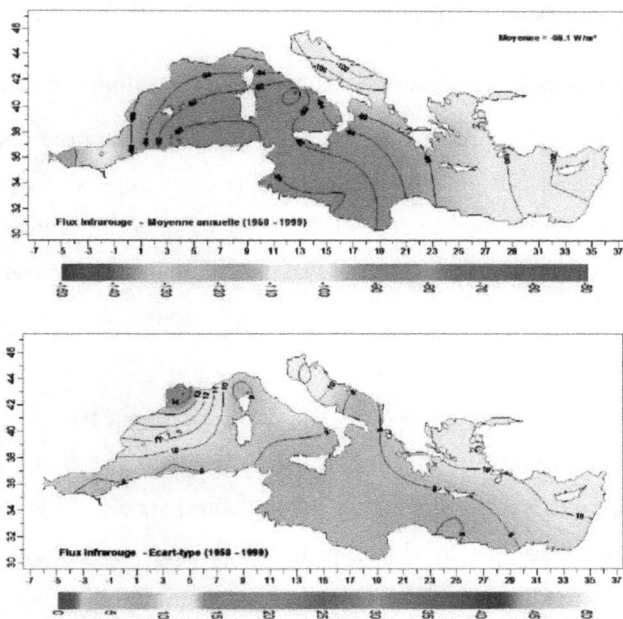

Figure 3.7 : *Champ annuel moyen du flux infrarouge et son champ d'écarts–type (1958–1999).*

A l'exception de la mer Alboran, le gradient nord–sud du flux infrarouge est du même ordre que le gradient est–ouest. Le champ annuel moyen du flux infrarouge varie faiblement dans l'espace (figure 3.7) avec un maximum de variabilité dans les zones de fortes pertes de chaleur : le golfe du Lion (15 W.m^{-2}), le nord de l'Adriatique (11 W.m^{-2}) et la mer Egée (10.5 W.m^{-2}).

En fin, on peut dire que les variabilités dans le flux net de chaleur à l'interface air-mer en Méditerranée sont attribuées principalement aux variations du flux de chaleur latente. La contribution du flux de chaleur sensible à ces variations vient en deuxième position.

3.2 Variations saisonnières

3.2.1 Variations saisonnières des températures et salinités de surface

La figure 3.8 représente le champ moyen du contraste thermique saisonnier à la surface de la Méditerranée. Elle montre que les températures d'été sont plus élevées que celles d'hiver de 8 °C en moyenne. Le plus faible écart saisonnier se localise dans la mer Alboran ouest et dans le golfe du Lion. Par contre, le plus fort écart se trouve dans l'Adriatique notamment, sa partie nord.

Le faible contraste dans la mer Alboran peut être expliqué par : i)- la nature des eaux de surface qui sont originaires de l'Atlantique et qui ont une température relativement homogène durant toute l'année. ii)- le flux d'air du sud–ouest établi par le déplacement, vers le sud, de l'anticyclone des Açores durant l'été. Ce flux amène, de l'Atlantique, des masses d'air relativement fraîches qui réduisent la température de surface dans la mer Alboran durant l'été. Le faible contraste thermique dans le golfe du Lion peut être expliqué par la remontée des eaux profondes (*upwelling*), plus froides, durant le printemps qui réduisent l'écart de température entre l'été et l'hiver à la surface de cette zone. Le grand écart de température entre l'été et l'hiver dans l'Adriatique peut être expliqué par les vents froids sur

72

la région (Bora, Tramontane) qui refroidissent les eaux de surfaces dans ces régions en hiver.

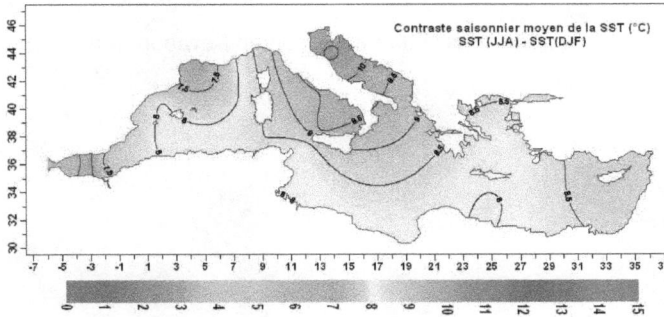

Figure 3.8 : *Champ moyen du contraste saisonnier de la SST en Méditerranée (1955–1999).*

Par ailleurs, le contraste thermique dans le reste de la surface Méditerranéenne peut être expliqué par : i)- le déplacement, en été, de la cellule de Hadley vers le nord, ii)- le Sirocco dans le sud de la Méditerranée, iii)- les Etésiens dans la mer Egée et peut être par le déclenchement de la mousson Indienne. Ces facteurs réchauffent davantage les eaux de surfaces dans ces régions en été et, en conséquence, amplifient le contraste thermique été–hiver en Méditerranée.

Le champ moyen des différences saisonnières de salinité (figure 3.9) montre que les eaux de surface des bords nord de la Méditerranée sont moins salées en été qu'en hiver, notamment dans l'Adriatique nord avec un maximum de 1. Cependant, dans le reste des régions de la Méditerranée, la salinité d'été dépasse très légèrement celle d'hiver.

La diminution, en été, de salinité de surface dans l'Adriatique et le nord du bassin occidental peut être expliquée par l'apport d'eau plus douce des fleuves (Rhône, Pô) après la fusion des neiges vers la fin du printemps sur les reliefs proches (Pyrénées, Alpes, Apennins, Alpes Dinariques et relief Balkanique). Alors que, dans la mer Egée, ce contraste été–hiver peut être expliqué par les échanges d'eau entre la mer noire et la mer Egée. Elle peut être expliquée également par l'augmentation de l'évaporation, en été.

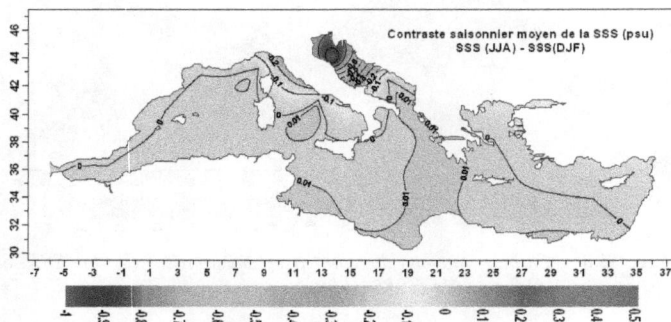

Figure 3.9 : *Champ moyen du contraste saisonnier de la SSS en Méditerranée (1955–1999).*

Les cycles annuels moyens de SST et SSS dans la Méditerranée entière ainsi que dans ces 3 bassins (figure 2.4) montrent encore qu'en moyenne les températures dans la Méditerranée orientale sont plus élevées que celles de l'ouest et du centre de 2.8 et 2.0 °C respectivement. De décembre à avril, les températures dans les bassins occidental et oriental sont du même ordre de grandeur. Cependant, l'écart prend de l'ampleur à partir du mois d'avril pour atteindre son maximum de 2.5 °C en août.

La SSS en Méditerranée suit un cycle saisonnier très marqué (figure 2.4) imposé par l'influence des forçages externes (flux océan–atmosphère, eau de l'Atlantique, mer Noire et fleuves). Ce qui explique les irrégularités et les différences d'un bassin à un autre. Ce cycle montre aussi que la salinité de surface est plus élevée en automne–hiver qu'au printemps–été dans toute la surface de la Méditerranée avec un minimum, en juin, dans la Méditerranée ouest et centre. Alors que, ce minimum se produit en avril dans le bassin Est. En moyenne, la salinité de surface dans le bassin oriental dépasse celle du bassin occidental de 1 psu. Ceci est dû à une évaporation plus intense et à des précipitations moins fréquentes à l'est. L'augmentation de salinité de surface est en phase avec la diminution de la température durant le mois de février, ce qui explique le *downwelling* des eaux de surface, plus denses en fin d'hiver.

En conséquence, les écarts saisonniers de salinité et de température de surface reflètent nettement le forçage qui induit la circulation dans le plan vertical (circulation thermohaline) en Méditerranée.

3.2.2 Variations saisonnières des flux de chaleur

Le champ moyen du contraste saisonnier (été–hiver) du flux net (figure 3.10) représente la moyenne des différences entre le flux d'été (Juin-Août) et celui d'hiver (Décembre-Février). Il montre que, sur toute la surface de la Méditerranée, les flux nets d'été sont plus importants que ceux d'hiver (plus que 200 W.m^{-2}). Le plus fort écart saisonnier se localise dans le nord–ouest du bassin occidental (280 à 300 W.m^{-2}), dans l'Adriatique sud, le nord de la mer Ionienne et la mer Egée (260 à 275 W.m^{-2}).

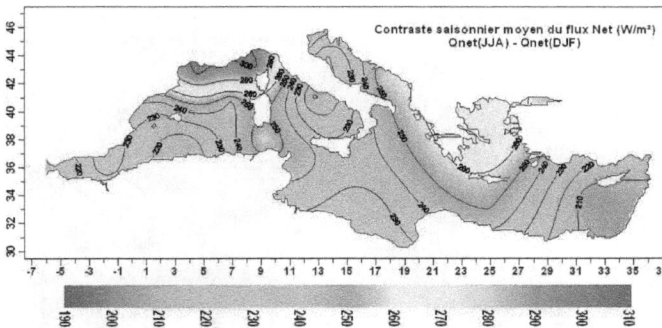

Figure 3.10 : *Champ moyen du contraste saisonnier du flux net de chaleur (1958–1999).*

Ce fort contraste décrit bien le fort contraste air–mer en Méditerranée notamment dans les zones de formation d'eaux profondes et peut être expliquée par: i)- l'amplification des pertes nettes de chaleur, en hiver, à cause de la présence des eaux plus chaudes en surface et le refroidissement davantage de l'air, en–dessus, par les vents du nord sur ces régions. ii)- l'intensification des gains nets de chaleur, en été, à cause de la présence des eaux d'*upwelling* plus froides en surfaces et le réchauffement davantage de l'air, en–dessus, par les vents chauds (sud, Etésiens) sur ces régions.

Le champ moyen du contraste été–hiver du flux de chaleur sensible (figure 3.11) montre que la perte de chaleur par ce flux est, également, plus faible en été qu'en hiver (8 à 32 W.m^{-2}). Le plus fort écart (> 25 W.m^{-2}) se localise dans les zones de formation d'eaux profondes. Alors que, le plus faible contraste (<14 W.m^{-2}) se trouve dans le sud–ouest du bassin occidental, le Tyrrhénien nord et la mer Ionienne sud. Ce contraste dans l'échange de chaleur par conduction thermique peut être expliqué par la force du vent, plus faible en été qu'en hiver, favorisant davantage le transfert de chaleur à partir de la surface de la mer. Il peut être expliqué par la différence de température air-mer, plus faible en été qu'en hiver.

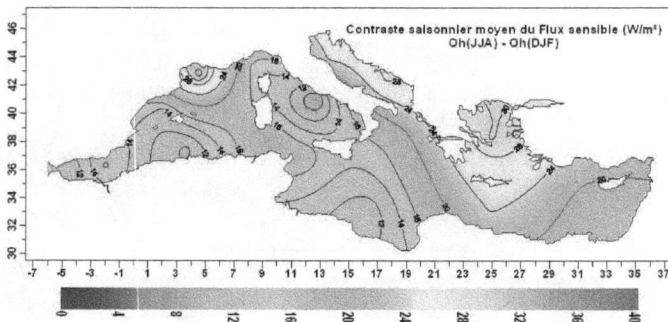

Figure 3.11 : *Champ moyen du contraste saisonnier du flux de chaleur sensible (1958–1999).*

Le champ moyen du contraste été–hiver du flux de chaleur latente (figure 3.12) montre, lui aussi, qu'en Méditerranée la perte de chaleur par ce flux est plus faible en été qu'en hiver (20 à 90 W.m^{-2}). Le plus fort écart (plus que 65 W.m^{-2}) se localise dans le golfe du Lion, dans le détroit de Sicile, dans le passage de Crète et dans la mer Egée. Cependant, le plus faible contraste (inférieur à 30 W.m^{-2}) se trouve dans le nord de la mer Tyrrhénienne et dans l'Est du bassin Levantin.

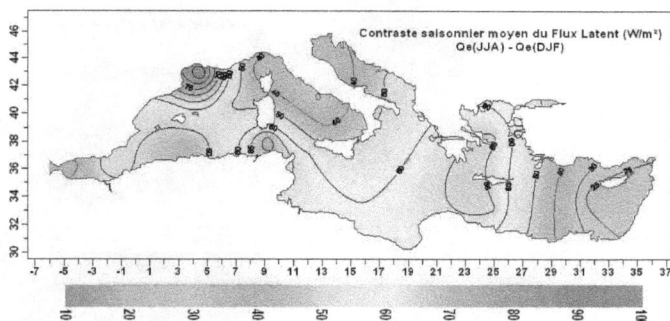

Figure 3.12 : *Champ moyen du contraste saisonnier du flux de chaleur latente (1958–1999).*

Cet écart été–hiver dans l'échange de chaleur, pendant le processus d'évaporation (figure 3.12), entre la surface de la Méditerranée et l'atmosphère peut être expliqué par la force du vent plus faible en été qu'en hiver qui augmente le transfert de chaleur à partir de la surface de la mer. Il peut être aussi expliqué par le gradient d'humidité de la colonne d'air plus fort en été qu'en hiver. Ainsi, l'amplitude de variation dans le contraste été–hiver du flux latent (70 W.m^{-2}) reflète bien la contribution de ce flux dans la variabilité du flux net de chaleur à l'interface air-mer en Méditerranée.

Le champ moyen du contraste été–hiver du flux solaire (figure 3.13) montre que la surface de la Méditerranée gagne en plus, 130 à 160 W.m^{-2}, en été par rapport à ce qu'elle gagne en hiver. Les plus forts écarts se trouvent dans les régions du nord où les nuages sont plus fréquents en hiver qu'en été. Les plus faibles contrastes dans le flux solaire se localisent dans le sud du bassin oriental où les nuages sont moins fréquents. Donc, le champ moyen du contraste été–hiver du flux solaire reflète bien la distribution de la couverture nuageuse sur la région Méditerranéenne.

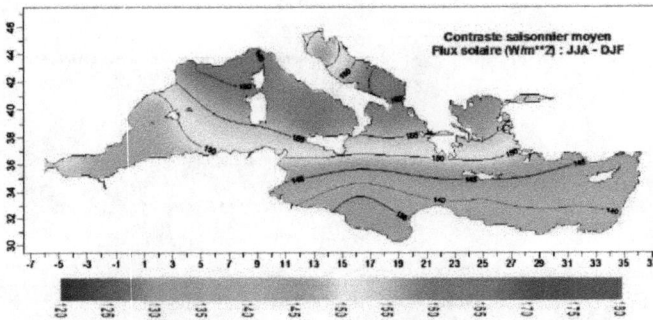

Figure 3.13 : *Champ moyen du contraste saisonnier du flux solaire (1958– 1999).*

Le champ moyen du contraste été–hiver du flux infrarouge (figure 3.14) montre qu'en Méditerranée la perte de chaleur par ce flux est plus faible en été qu'en hiver (10 à 25 W.m^{-2}). Le plus fort écart (plus que 20 W.m^{-2}) se trouve dans le golfe du Lion et la Méditerranée orientale. Ce fort contraste peut être expliqué par le fait que, dans le golfe du lion l'écart entre les températures de l'air et celles de l'eau est influencé principalement par la SST. Tandis que dans le bassin oriental, cet écart est influencé essentiellement par la température de l'air et la couverture nuageuse. Le plus faible contraste du flux infrarouge (10 à 15 W.m^{-2}) se localise dans le bassin Algérien et la mer Tyrrhénienne. Ceci indique que le contraste air– mer dans ces régions est peu variable par rapport aux autres régions.

78

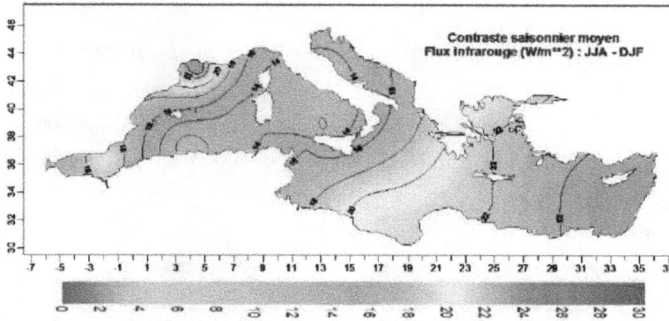

Figure 3.14 : *Champ moyen du contraste saisonnier du flux solaire (1958–1999).*

Nous avons analysé les différences régionales dans les flux de chaleur à l'aide des cycles annuels moyens du flux de chaleur net et ses composants (figure 3.15). Ces cycles montrent que : i)- le flux net de chaleur suit un cycle saisonnier marqué à l'échelle globale aussi bien que régionale. ii)- une perte nette de chaleur en automne–hiver avec un maximum en décembre. iii)- un gain net de chaleur au printemps–été avec un maximum, en juin, dans le bassin occidental. Ce maximum de gain net est décalé, vers le mois de mai, dans le bassin oriental. Ceci pourrait peut-être expliqué par le déphasage dans le minimum de salinité de surface entre les deux bassins. iv)- la période de pertes nettes de chaleur est de septembre à février dans le bassin occidental, alors qu'elle est d'août à février dans le bassin oriental. v)- l'augmentation des pertes nettes et la diminution des gains nets de chaleur d'ouest en Est reflètent l'intensification de l'évaporation au fur et à mesure que l'on va du détroit de Gibraltar au bassin Levantin.

A cause de ces faibles valeurs, le flux de chaleur sensible (figure 3.15) suit un cycle saisonnier régulier mais très peu visible à l'échelle globale aussi bien que régionale. Il ne monte aucune différence régionale remarquable. Toutefois, le gain de chaleur par ce flux, très proche de zéro, se produit durant juin–juillet dans la méditerranée occidentale et orientale, alors qu'il se prolonge jusqu'au mois d'août dans la Méditerranée centrale.

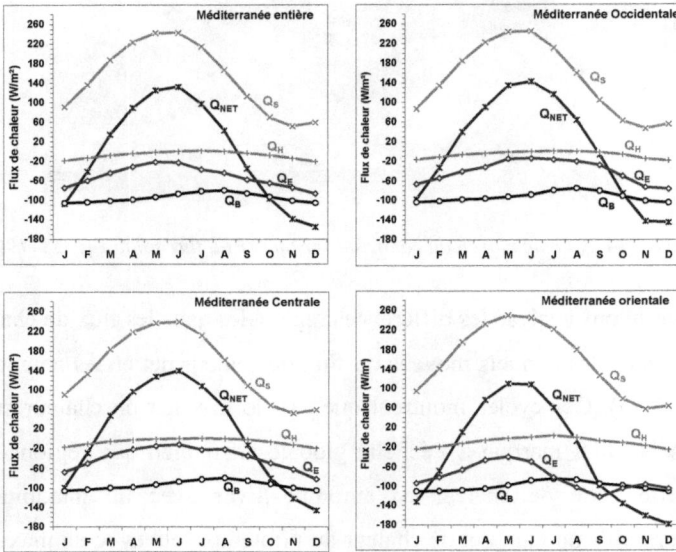

Figure 3.15 : *Cycle annuel moyen (1958-1999) du flux net de chaleur (Q_{NET}) et ces composantes dans la méditerranée entière ainsi que dans les 3 basins. (Solaire (Q_S), infrarouge (Q_B), sensible (Q_H), latente (Q_E)).*

Les flux de chaleur latente (figure 3.15) présente un cycle saisonnier bien établi. Ce flux produit une perte de chaleur durant toute l'année dans toutes les régions de la Méditerranée. Ces pertes de chaleur sont plus faibles que celles du flux infrarouge, à l'exception du mois de septembre où elles deviennent plus fortes, dans la Méditerranée orientale. Cette particularité peut être expliquée par la mousson Indienne qui apporte plus de précipitation et d'humidité réduisant le taux E-R durant cette période. L'augmentation des pertes de chaleur par ce flux d'Ouest en Est reflète bien la distribution de l'évaporation en Méditerranée.

Sans aucune différence remarquable, le flux infrarouge (figure 3.15) a une saisonnalité assez bien prononcée avec un minimum de pertes an août et un maximum de pertes en janvier sur toutes les régions de la Méditerranée. Il reflète bien le contraste thermique air–mer en Méditerranée.

Egalement, le flux solaire (figure 3.15) présente un cycle saisonnier régulier très visible. L'évolution des gains de chaleur par ce flux reflète bien la distribution de la couverture nuageuse sur la région Méditerranéenne.

Donc, à l'exception de l'anomalie du flux de chaleur latente en septembre dans le bassin oriental, les cycles saisonniers des flux de chaleur ne montrent pas de grandes différences régionales. Ces cycles confirment les distributions des caractéristiques principales en Méditerranée ainsi que celles des facteurs climatiques qui ont une influence sur la région.

3.3 Variations interannuelles

3.3.1 Variations interannuelles des températures et salinité de surface

A l'échelle de toute la Méditerranée, la chronologie des anomalies annuelles des SST (figure 3.16) montre que la diminution des températures, durant la période 1963–1975, est observée sur la majorité des surfaces méditerranéennes et l'augmentation des températures, durant la période 1975–1990, est observée particulièrement dans le bassin occidental.

La chronologie des anomalies annuelles des SSS (figure 3.16) montre qu'à l'exception de l'Adriatique nord, une augmentation de salinité est enregistrée sur l'ensemble des surfaces, durant la période 1982–1995, avec une diminution bien apparente en 1990 et 1991 dans l'est.

Par ailleurs, les chronologies des anomalies annuelles dans la Méditerranée occidentale montrent que les plus fortes variabilités dans les deux paramètres se localisent dans le nord–ouest de ce bassin avec un maximum dans le golfe du Lion.

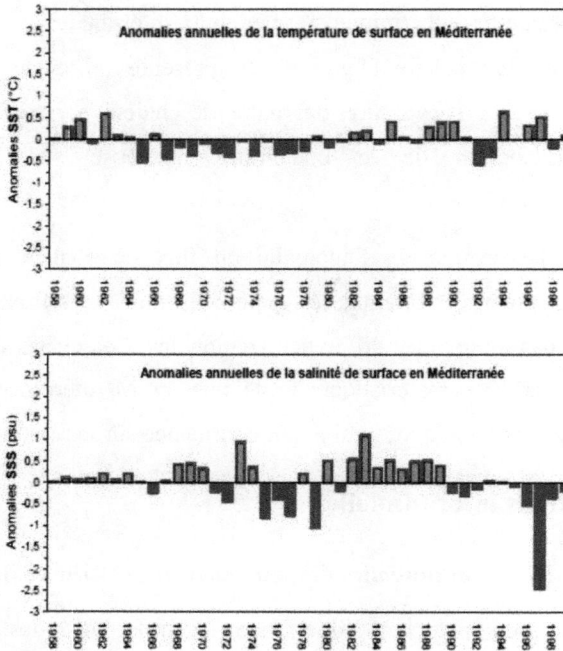

Figure 3.16 : *Chronologie des anomalies annuelles (1958–1999) des SST (en °C) et des SSS (en psu) dans la Méditerranée entière.*

La température de surface dans ce bassin a subi une diminution durant la période 1963–1975 suivie d'une augmentation globale à partir de 1979 avec une diminution marquée durant 1991–1993 et une augmentation accentuée de 1994 jusqu'à 1996–1997 qui est très marquée. Cette forte augmentation durant 1996–1997 est bien visible dans le golfe du Lion.

La salinité de surface a subi une augmentation continue bien apparente durant la période 1982–1989 suivie d'une période dont laquelle la salinité

82

est pratiquement stable à partir de 1990 avec une diminution très marquée durant 1996–1997 qui est bien nette dans le golfe du Lion.

Les chronologies des anomalies annuelles dans le centre de la Méditerranée montrent que les plus fortes variabilités dans les 2 champs se trouvent dans l'Adriatique notamment dans sa partie sud.

Les SST dans ce bassin ont subi une augmentation avant 1963, une diminution durant la période 1967–1981 bien nette dans l'Adriatique sud suivie d'une augmentation à partir de 1982 interrompue par un fort refroidissement en 1992–1993 et en 1997–1998. Les fortes anomalies négatives en 1992 sont bien apparentes dans l'Adriatique sud.

Une augmentation bien marquée de salinité de surface est observée durant la période 1980–1989. Cette augmentation est suivie par une diminution continue à parti de 1990 intensifiée en 1991 et en 1997 surtout dans l'Adriatique sud.

Les chronologies des anomalies annuelles dans la Méditerranée orientale montrent que les plus fortes variabilités interannuelles dans la SST et dans la SSS se trouvent dans la mer Egée.

Les deux champs d'anomalies montrent une alternance, d'une période de 3 à 5 années, entre l'augmentation et la diminution, toutefois, la mer Egée montre une augmentation de la SST avant 1970 suivie d'une diminution interrompue par deux courtes périodes de réchauffement (1991–1994 puis 1998–1999). La salinité dans cette mer est en augmentation durant toute la période interrompue par deux diminutions (1975–1979 puis 1996–1999).

3.3.2 Variations interannuelles du flux net de chaleur

La chronologie des anomalies annuelles du flux net de chaleur dans la Méditerranéen occidentale (figure 3.17-a) montre que, les plus fortes variabilités interannuelles dans ce flux se localisent dans le nord–ouest de ce bassin avec un maximum dans le golfe du Lion: La diminution des gains nets chaleur est observée durant la période 1973-1981 suivie d'une augmentation globale à partir de 1982. Cette dernière est interrompue par une très forte augmentation de pertes en 1996–1997, très visible dans le golfe du Lion.

Ces périodes d'augmentation et de diminution des gains nets de chaleur peuvent être expliquées par les périodes de sécheresse et les périodes humides observées sur la région Méditerranéenne: La sécheresse qui s'est établie sur la région durant les années 80 et 90 a réduit le taux de précipitations et de ruissellement d'où l'augmentation de salinité et l'augmentation du taux E–P–R qui génère l'augmentation des pertes nettes de chaleur. L'inverse est observé durant les périodes humides, notamment en 1991–1993.

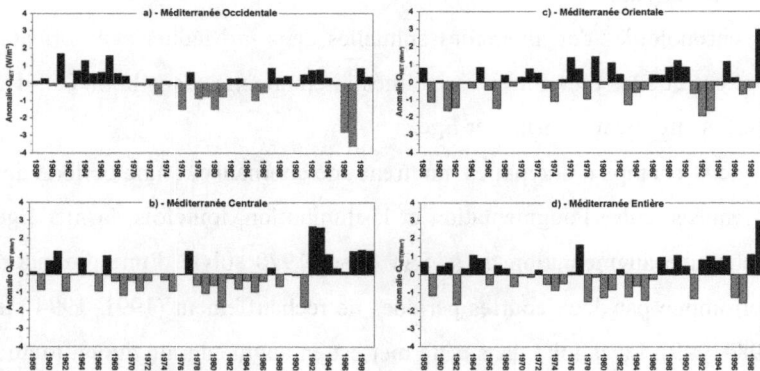

Figure 3.17 : *Chronologie des anomalies annuelles (1958–1999) du flux net de chaleur (en W.m⁻²) dans la Méditerranée occidental (a), centrale (b), orientale (c) et la Méditerranée entière (d).*

La chronologie des anomalies annuelles dans la Méditerranée centrale (figure 3.17-b) montre que les plus fortes variabilités se trouvent dans l'Adriatique notamment dans sa partie sud: à l'exception de la période

84

1992–1999 où une augmentation des gains nets de chaleur est bien marquée surtout en 1992–1993, la surface de ce bassin est dominée beaucoup plus par une augmentation des pertes nettes durant la période 1968–1991, plus forte en 1981 et 1991.

La chronologie des anomalies annuelles dans la Méditerranée orientale (figure 3.17-c) montre que les plus fortes variabilités interannuelles dans le flux net se trouvent dans la mer Egée: L'évolution interannuelle des anomalies du flux net de chaleur montre une alternance, d'une période de 3 à 5 années, entre perte et gain. Toutefois, dans la mer Egée, une diminution irrégulière des pertes nettes de chaleur est observée à partir de 1976 interrompue par une forte augmentation de ces pertes durant 1991–1994.

Les anomalies annuelles du flux net de chaleur en Méditerranée entière (figure 3.17-d) montrent que les plus fortes variabilités interannuelles se localisent, également, dans les zones de formation d'eaux profondes. L'augmentation des pertes nettes de chaleur est observée sur la surface méditerranéenne durant la période 1973-1986. Elle est suivie par des gains nets de chaleur à partir de 1987, interrompus par deux fortes pertes nettes de chaleur. La première, en 1991, est bien apparente dans les zones de formation d'eaux profondes (dans le sud Adriatique et mer Egée). Tandis que, la deuxième en 1996–1997 est bien nette dans le golfe du Lion.

3.4 Conclusion

Les variations spatio-temporelles de ces champs montrent que :

– Le gradient nord–sud est plus faible que le gradient est–ouest des températures et salinités. L'inverse est observé pour les flux de chaleur. Les plus fortes variations spatio-temporelles sont plus nettes dans les zones de formation d'eaux profondes que partout ailleurs;

– La variabilité dans le flux net de chaleur à l'interface air-mer en Méditerranée est attribuée principalement à la variation du flux de chaleur latente. Les champs de surface en Méditerranée (SST, SSS et Flux de chaleur) suivent un cycle saisonnier très marqué visible. Les contrastes été–hiver de salinité et de température reflètent nettement le forçage qui induit la circulation thermohaline en Méditerranée. Ceux du flux net de chaleur reflètent le contraste air–mer en Méditerranée notamment dans les zones de formation d'eaux profondes;

– La période de pertes nettes de chaleur est de septembre à février dans le bassin occidental, alors qu'elle est d'août à février dans le bassin oriental. Les cycles saisonniers des flux de chaleur ne montrent pas de grandes différences régionales et confirment les distributions des principaux facteurs climatiques influant sur la région;

– L'évolution des anomalies annuelles de ces champs reflète les périodes de sécheresse et les périodes humides observées sur la région Méditerranéenne. En plus, les zones de formation d'eaux profondes (*upwelling*) présentent aussi une forte variabilité interannuelle.

Ces variations ainsi précisées peuvent apporter un plus pour :

–L'amélioration de l'analyse des variations des interactions air–mer sur longues échelles;

–La compréhension des mécanismes à l'origine des variations interannuelles de formation d'eaux profondes en Méditerranée;

–De meilleures contraintes pour les modèles de prévision numérique;

–Une meilleure compréhension sur les variations interannuelles du climat des 50 dernières années du 2nd millénaire pour les pays voisins de la Méditerranée.

Rôle des flux de chaleur à l'interface de la Méditerranée dans la variabilité du climat au nord Algérien.

Ce chapitre se focalise sur l'étude des rapports statistiques de causalité entre les flux de chaleur latente et sensible à l'interface air-mer en Méditerranée et la variabilité pluviométrique et thermique dans le nord de l'Algérie. Il constitue une contribution intéressante et originale pour la prévision en Afrique du Nord, ainsi que pour tous les travaux sur les interactions océan-atmosphère dans la région Méditerranéenne. La nouveauté majeure vient de l'utilisation d'un nouveau produit qui est le flux de chaleur à l'interface océan-atmosphère en Méditerranée, couvrant une période suffisamment grande (42 ans, sur la période 1958-1999).

4.1 Introduction

Comme nous l'avons vu dans l'introduction générale, le rôle de la SST sur la variabilité atmosphérique extratropicale a été largement étudié, à la fois grâce à des études statistiques et des expériences numériques (Nacef, 1998), malgré que, ce rôle est faible dans ces régions (Kushnir & coll, 2002) et peut parfois dépendre de la saison (Ferreira & Frankignoul, 2005). Cependant, les études sur le rôle des anomalies des flux de chaleur à l'interface océan-atmosphère sont exceptionnelles et assez récentes. Pourtant, c'est grâce à l'échange de chaleur, d'énergie et de matière que l'atmosphère interagit avec l'océan. Cela représente une motivation et des perspectives intéressantes pour étudier la variabilité du climat et visant à quantifier sa prévisibilité associée à ces flux de chaleur à l'interface océan-atmosphère, notamment, les flux turbulents (sensible et latent).

Or, la Méditerranée est une source importante de chaleur, d'humidité pour les régions riveraines et se comporte comme un océan à échelle réduite. En plus, les variations du flux net de chaleur à l'interface air-mer en Méditerranée sont attribuées principalement aux variations du flux de chaleur latente et à celles du flux de chaleur sensible (Nacef, 2006).

Le flux de chaleur sensible en surface est l'énergie immédiatement disponible à l'atmosphère. Il contribue au réchauffement et/ou à l'extension de la couche limite planétaire. Le flux de chaleur latente à l'interface air-mer provoque le refroidissement de la couche superficielle de la mer et, de par sa perte de vapeur d'eau, augmente la salinité dans la couche de mélange océanique (Randhir & coll., 2001). Il peut conduire indirectement à un transfert d'énergie qui touchera une couche atmosphérique beaucoup plus profonde que le flux de chaleur sensible. Même si ce dernier a un impact direct moins fort (Viterbo, 2002), ses effets sur la variabilité du climat ne sont pas sans importance. Ainsi, l'effet direct du flux de chaleur sensible et l'effet indirect du flux de chaleur latente peuvent modifier la circulation atmosphérique à des échelles différentes et, par conséquent, influencer les conditions météorologiques et le climat local.

Ainsi, ce travail est axé sur le cas particulier de l'influence des flux de chaleur latente et sensible à l'interface air-mer en Méditerranée sur la pluviométrie et la température dans le nord de l'Algérie. Nous espérons que ces travaux permettront de répondre aux questions suivantes : (i) La variabilité du climat dans le nord de l'Algérie est-elle liée à la variabilité du flux de chaleur à l'interface air-mer en Méditerranée et quelle est son importance? (ii) Peut-on utiliser les flux de chaleur comme prédicteurs pour améliorer la prévision climatique des anomalies de température et de précipitation dans les régions voisines de la Méditerranée?

4.2 Données utilisées

Les données des paramètres climatiques utilisées sont respectivement les cumuls mensuels de précipitations et les moyennes mensuelles de la température de l'air aux 21 stations d'observation météorologique de l'Office National de la Météorologie Algérienne, durant la période 1958–2000. Les précipitations saisonnières sont définies comme la somme des cumuls des trois mois successifs de la saison correspondante. Tandis que, la température saisonnière représente la moyenne des trois mois de la saison correspondante.

Les données des flux de chaleur latente et sensible sont celles calculées et validées mensuellement sur la période 1958-1999, pour chacune des 18 régions de la Méditerranée (figure 4.1). La valeur saisonnière de chaque flux représente le cumul des valeurs des trois mois successifs de la saison correspondante.

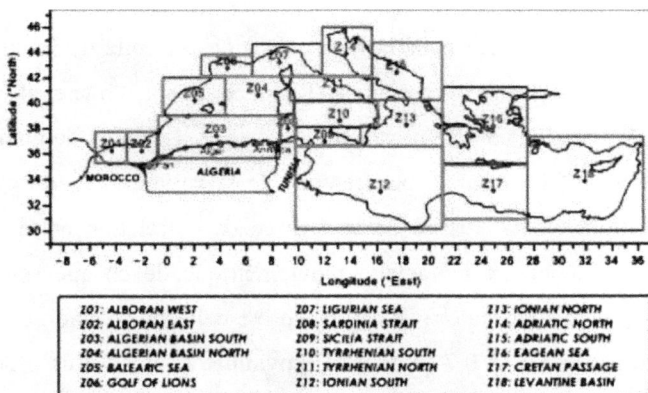

Z01: ALBORAN WEST	Z07: LIGURIAN SEA	Z13: IONIAN NORTH
Z02: ALBORAN EAST	Z08: SARDINIA STRAIT	Z14: ADRIATIC NORTH
Z03: ALGERIAN BASIN SOUTH	Z09: SICILIA STRAIT	Z15: ADRIATIC SOUTH
Z04: ALGERIAN BASIN NORTH	Z10: TYRRHENIAN SOUTH	Z16: EAGEAN SEA
Z05: BALEARIC SEA	Z11: TYRRHENIAN NORTH	Z17: CRETAN PASSAGE
Z06: GOLF OF LIONS	Z12: IONIAN SOUTH	Z18: LEVANTINE BASIN

Figure 4.1 : *Domaine d'étude définie par 18 points de la grille spatiale (chaque point représente une sous–région de la Méditerranée).*

L'anomalie saisonnière de chaque paramètre (précipitation, température, flux de chaleur latente et sensible) est définie comme la variable centrée réduite de la valeur saisonnière. Les saisons considérées sont: MAM (mars à mai) pour le printemps, JJA (juin à août) pour l'été, SON (septembre à novembre) pour l'automne et DJF (décembre à février) pour l'hiver.

4.3 Influences des flux de chaleur sur la pluviométrie et la température

4.3.1 Méthodologies

Comme le nombre de stations sur le nord de l'Algérie est assez élevé (21 stations), nous avons effectué une régionalisation basée sur la pluviométrie mensuelle dans le nord de l'Algérie, pour la période 1960–1999, afin de définir les zones climatiques et leurs stations de référence représentatives.

La technique utilisée pour la régionalisation est celle de l'analyse en composantes principales avec rotation (Richman, 1986; White et al., 1991), en utilisant *Varimax* comme paramètre de rotation. Le choix du nombre de composantes est basé sur le pourcentage de la variance totale expliquée après rotation. On fait usage de la matrice de corrélation entre chaque composante retenue et l'anomalie pluviométrique de chaque station, la station de référence (étalon) sélectionnée est celle qui a une corrélation maximale supérieure à 0,7 et dont la pluviométrie est la plus proche de celle de la zone correspondante.

Ensuite, nous avons introduit la notion de causalité de Granger (1969) pour examiner la possibilité d'existence ou non de relations causales entre les anomalies saisonnières des flux de chaleur latente et sensible à l'interface air-mer en chaque région de la Méditerranée, durant la période 1958–1998, et les anomalies saisonnières de la pluviométrie et de la température des stations de références du nord de l'Algérie.

Les régions de la Méditerranée sélectionnées sont celles qui ont le maximum d'influence du flux de chaleur latente et/ou sensible sur chaque paramètre climatique (précipitation et température) de chaque station de référence. Plus explicitement, sont celles qui représentent un maximum de quantité d'information apportée par l'anomalie du flux de chaleur latente et/ou sensible des saisons précédentes pour expliquer la variance du paramètre climatique de la saison d'intérêt. Les étapes de cette procédure sont accomplies pour chacune des saisons (DJF, MAM, JJA et SON).

L'examen de la présence de causalité de Granger est effectué suivant la procédure utilisée par Kaufmann et Stern (1997). Cette procédure comprend deux étapes :

Dans la première, les interactions bilatérales entre, par exemple, l'anomalie d'hiver de la pluviométrie ($RR(DJF)$) à la première station de référence et l'anomalie saisonnière du flux de chaleur latente (Q_E) dans chacune des 18 régions de la Méditerranée sont décrites en faisant varier les coefficients de régression avec le décalage des saisons et en utilisant un vecteur d'auto–régression donné par l'équation suivante :

$$RR(DJF) = \alpha_2 + \sum_{i=1}^{s} \beta_{2i} Q_E(DJF - i) + \sum_{i=1}^{s} \gamma_{2i} RR(DJF - i) + e_2(DJF) \qquad (4.1)$$

Où $RR(DJF)$ est l'anomalie pluviométrique d'hiver à la station de référence; α_2, β_2 et γ_2 sont les coefficients de régression; e_2 et s sont respectivement le terme d'erreur et le nombre de saisons décalées.

Comme la saison d'intérêt est l'hiver (DJF), un décalage de $i = 1$ indique l'automne précédent (SON), un décalage de $i = 2$ indique l'été précédent (JJA), un décalage de $i = 3$ indique le printemps précédent (MAM) et $i = 4$ indique l'hiver précédent (DJF).

Les valeurs de l'anomalie d'hiver ($RR(DJF)$) dans l'équation (4.1) sont fonction des valeurs des saisons précédentes de l'anomalie du flux de chaleur latente (Q_E) dans chacune des 18 régions de la Méditerranée, indiquées par la première somme, et les valeurs des saisons précédentes de l'anomalie pluviométrique indiquées par la deuxième somme dans l'équation (4.1).

Pour déterminer la direction et l'ordre causal, c'est-à-dire, pour établir si la variabilité du flux de chaleur latente des saisons précédentes cause la variabilité de la pluviométrie d'hiver ($RR(DJF)$), nous estimons une forme restreinte de l'équation (4.1) dans laquelle nous éliminons les valeurs des saisons précédentes de l'anomalie du flux de chaleur latente (Q_E). Cela se fait statistiquement en prenant $\beta_2 = 0$ dans l'équation (1) comme suit :

$$RR(DJF) = \alpha_2' + \sum_{i=1}^{s} \gamma_{2i}' RR(DJF - i) + e_2'(DJF) \qquad (4.2)$$

La deuxième étape, est de tester statistiquement si les estimations de la forme restreinte (équation 2) sont significativement différentes de celle de la forme non restreinte (équation 1). Pour se faire, nous calculons le test statistique de Granger :

$$\omega = \frac{(RSS_r - RSS_u)/v}{RSS_u/(T-k)} \qquad (4.3)$$

Où RSS est la somme des carrés des résidus; les indices r et u se rapportent respectivement à la forme restreinte de l'équation (4.2) et à la forme non restreinte de l'équation (4.1); T est le nombre d'observations; k est le nombre de variables indépendantes dans la forme non restreinte de l'équation (k =2s+1); et v est le nombre de coefficients rendus à zéro dans l'équation (4.2).

Le test statistique ω est évalué par rapport à la loi de Fisher (F) avec v et ($T-k$) degrés de liberté afin d'accepter ou de rejeter l'hypothèse nulle qui indique que la variabilité de l'anomalie du flux de chaleur latente à l'interface air-mer en Méditerranée ne cause pas la variabilité de l'anomalie d'hiver de la pluviométrie. Au seuil de 5%, les valeurs calculées de ω qui dépassent la valeur théorique F font rejeter l'hypothèse nulle. Une augmentation importante de RSS_r indique que l'élimination des valeurs de l'anomalie du flux de chaleur latente des saisons précédentes réduit le pouvoir explicatif du vecteur autorégressif qui augmente la somme des carrés des résidus. Donc, le test statistique ω mesure l'information contenue uniquement dans les valeurs de l'anomalie du flux de chaleur latente des saisons précédentes et représente la puissance statistique de la causalité au sens de *Granger* par rapport à la technique de corrélation.

4.3.2 Résultats de la régionalisation

La technique de l'analyse en composantes principales avec rotation nous a permis de retenir trois composantes. Le pourcentage de variance totale des précipitations expliquée après rotation par les trois composantes est de l'ordre de 67% (un pourcentage de variance expliquée plus élevé nécessite un ensemble de variables plus cohérentes). La première composante explique 25.6% de la variance totale et représente les stations de la région côtière Est. La deuxième composante explique 22.5% de la variance totale et représente les stations de la région côtière centre. Tandis que, la troisième composante explique 19.2% de la variance totale et représente les stations de la région côtière ouest. Dans les stations appartenant à chacune des trois régions climatiques ainsi obtenues, le comportement de la pluviométrie annuelle (ainsi que sa variabilité interannuelle) est similaire. Les résultats pertinents pour chaque région sont donnés dans le tableau 4.1.

Tableau 4.1 : *Résultats de la régionalisation de la pluviométrie dans le nord de l'Algérie. Les valeurs entre parenthèses dans la dernière colonne représentent la corrélation maximale entre la pluviométrie de la station de référence dans chaque région et la composante correspondante.*

N° région	Nom de la Région	Nombre de stations	Pourcentage de variance expliquée après rotation	Station de référence
01	Est	9 (5)	25.6 %	Annaba (0.87)
02	Centre	5 (4)	22.5 %	Alger (0.78)
03	Ouest	7 (3)	19.2 %	Oran (0.82)

Le maximum de corrélation entre la pluviométrie des stations appartenant à chacune des 3 régions et la composante correspondante nous a permis de sélectionner les 3 stations de référence. Chacune de ces 3 stations possède aussi une pluviométrie qui est très proche de la pluviométrie de la région correspondante. Ces résultats sont aussi donnés dans le tableau 4.1. Les anomalies saisonnières de la pluviométrie et de la température de ces trois stations de référence seront utilisées dans la suite du travail.

4.3.3 Résultats de l'analyse de causalité

Les statistiques des analyses de causalité au sens de *Granger* qui dépassent de façon significative la valeur critique, au seuil de 5%, sont données au tableau 4.2, pour la pluviométrie, et au tableau 4.3, pour la température. Ces statistiques montrent que la variation saisonnière des flux de chaleur latente et/ou sensible est une source de variabilité pluviométrique et thermique saisonnière dans le nord de l'Algérie avec un décalage principalement de quatre saisons. Le décalage de trois saisons est beaucoup moins fréquent, mais lorsqu'il se produit, les zones d'influence des flux de chaleur sont plus petites. Les précipitations et les températures des régions côtières est, représentées par Annaba, et centrale, représentées par Alger, sont influencées principalement par les flux de chaleur air-mer de la Méditerranée occidentale. Celles des régions côtières ouest, représentées par Oran, sont influencées par les anomalies des flux de chaleur de la Méditerranée centrale.

Cependant, à Annaba, les zones d'influence des flux de chaleur sont plus importantes dans le cas de la température que dans le cas de la pluviométrie, notamment dans le bassin occidental. Dans le bassin occidental, le flux de chaleur latente a une influence beaucoup plus marquée sur la température que le flux de chaleur sensible. Cette influence accrue n'est pas évidente dans le bassin oriental.

À Alger, les zones d'influence des flux de chaleur sur la température et sur la pluviométrie sont en cohérence, notamment dans le bassin occidental. C'est le flux de chaleur latente qui exerce l'effet le plus marqué sur les températures tandis que le flux de chaleur sensible a un effet beaucoup plus marqué sur les précipitations.

À Oran, la variabilité pluviométrique est attribuable à l'anomalie des flux de chaleur latente et/ou sensible, notamment dans la mer Ionienne et la mer Adriatique, tandis que le flux de chaleur sensible a un effet beaucoup plus marqué sur les températures d'hiver.

Tableau **4.2** : *Analyse de causalité de Granger : variabilité des anomalies saisonnières des* **précipitations** *causées par l'anomalie saisonnière des flux de chaleur latente Q_E et sensible Q_H des saisons précédentes. Le code 1 indique que la statistique de Granger est significative au seuil de 5% uniquement pour le flux de chaleur latente Q_E, le code 2 indique que la statistique est significative pour les deux flux de chaleur Q_E et Q_H et le code 3 indique que la statistique est significative uniquement pour le flux de chaleur sensible Q_H.*

Station	Pluviométrie	Flux de chaleur Q_E ou Q_H	Alboran Ouest	Alboran Est	Bassin Algérien Sud	Bassin Algérien Nord	Mer des Baléares	Golfe du Lion	Mer Ligure	Détroit de Sardaigne	Détroit de Sicile	Tyrrhénien Sud	Tyrrhénien Nord	Ionien Sud	Ionien Nord	Adriatique Sud	Adriatique Nord	Mer Egée	Passage de Crète	Bassin Levantin
Annaba	DJF	SON																		
		JJA																		
		MAM		3					3	2										
		DJF	2	2	2		2		2	2	2		2	2	2		2			
	MAM	DJF																		
		SON																		
		JJA									1	2	1	2		2				
		MAM	2	2	2				2	2	2	2	2	2	2			2	2	2
	JJA	MAM																		
		DJF																		
		SON		1																
		JJA		2			2	2	2		1	2	2	1	2	2		1	2	3
	SON	JJA																		
		MAM															1			3
		DJF			1		2	2	3	2							2		3	2
		SON	1	2	2	2	2	2	2	2			2	2	2	2		2	2	
Alger	DJF	SON																		
		JJA																		
		MAM							1	2	3	2			3					
		DJF	1		2	2	2	2	2	2	1	3	1	2	3	1	2	2	1	
	MAM	DJF																		
		SON																		
		JJA			2								2			2	1			
		MAM	2	2	2	2			2	2		1	2			3	2	2	3	
	JJA	MAM																		
		DJF	3																	
		SON	3		2	3	2	2												
		JJA	2	3	2	2	2	2	1	2	1	2	2			2		1	2	2
	SON	JJA																		
		MAM																		
		DJF	3	3					2										1	
		SON	2	3	2	2	2	2	2	2	2	2	2	2	2	2	2		2	2
Oran	DJF	SON																		
		JJA																		
		MAM	3					1					2							
		DJF	2	2	2		2		2			2	2	2	2	2	2			2
	MAM	DJF																		
		SON																		
		JJA		1	2								2				1			
		MAM	2	1	2	2			2	2	3		2	3	2	2	1		2	3
	JJA	MAM																		
		DJF																		
		SON	2	2			2	2			1	2							2	2
		JJA	2	2	2		2	2	2		2	2	2	2	2	2	2	2	2	2
	SON	JJA																		
		MAM																		
		DJF	2														3			
		SON	2	3		2	1	2	1	1		1	1	3	2	2	2	2	2	

96

Tableau 4.3 : *Analyse de causalité de Granger : variabilité des anomalies saisonnières des* **températures** *causées par l'anomalie saisonnière des flux de chaleur latente Q_E et sensible Q_H des saisons précédentes. Le code 1 indique que la statistique de Granger est significative au seuil de 5% uniquement pour le flux de chaleur latente Q_E, le code 2 indique que la statistique est significative pour les deux flux de chaleur Q_E et Q_H et le code 3 indique que la statistique est significative uniquement pour le flux de chaleur sensible Q_H.*

Station	Température	Flux de chaleur Q_E ou Q_H	Alboran Ouest	Alboran Est	Bassin Algérien Sud	Bassin Algérien Nord	Mer des Baléares	Golfe du Lion	Mer Ligure	Détroit de Sardaigne	Détroit de Sicile	Tyrrhénien Sud	Tyrrhénien Nord	Ionien Sud	Ionien Nord	Adriatique Nord	Adriatique Sud	Mer Egée	Passage de Crète	Bassin Levantin
Annaba	DJF	SON																		
		JJA																		
		MAM			3				2				3				3			
		DJF	3	3	2	2	2	2	2	2	2	2	2	2		2		2	2	2
	MAM	DJF																		
		SON																		
		JJA							2	1	1	1	2							
		MAM	1	3			1	2	2	1	2	2	2	2	3		1			
	JJA	MAM																		
		DJF																		
		SON	2	1	2	2	2							2		2				
		JJA	2	2	2	2	2	2	1	2	1	2		2	2	2	2	3	3	
	SON	JJA																		
		MAM																		
		DJF							2		2					2			1	
		SON	3	2	2	1	1		2	3	2	2	2	3	2	2		1	2	
Alger	DJF	SON																		
		JJA																		
		MAM							2				3		3		3			
		DJF	3	3	2	2	2	2	2	2	2	2	2	2		2		2	2	2
	MAM	DJF																		
		SON																		
		JJA	1						1		1	1	1							
		MAM	2	3					1	1	2	2	2		1		1	2	2	
	JJA	MAM																		
		DJF																		
		SON	1		2		3									2				
		JJA	2	2	2	2	2	2	2	1	2	2		2	2	2				
	SON	JJA																		
		MAM																		
		DJF				1		1	3	2						1				
		SON	1	1	2	2	2	2	2	2	2	2	2	3	2	2	2	2	2	2
Oran	DJF	SON																		
		JJA																		
		MAM							2				2				3		3	
		DJF	3	2	2	2	2	2	2	2	2	3	2	3	2	3	2	2	2	3
	MAM	DJF																		
		SON											1							
		JJA	1									1	2				1			
		MAM	2	2	3		3	1	1	2	2	2	1	2		2	2	1	3	
	JJA	MAM																		
		DJF																		
		SON			2							1	2			2				
		JJA		1	1	2	2	2	2	2	1	2	2	3	3	2	2	2		2
	SON	JJA																		
		MAM																		
		DJF	1		3					3	3									
		SON	1	2	2	2	2	2	2	2	2	2	2	2		2	2	3		

La région de la Méditerranée où l'anomalie du flux de chaleur latente et/ou sensible exerce une influence maximale a été choisie en fonction des zones pour lesquelles il existe la plus grande quantité d'information permettant d'expliquer la variance du paramètre climatique. Les résultats sont présentés au tableau 4.4, pour la pluviométrie, et au tableau 4.5, pour la température. Ils montrent qu'il existe un laps de quatre saisons entre la cause et l'effet pour ce qui est des précipitations et des températures, dans le nord de l'Algérie. Ce décalage est de trois saisons pour ce qui est de la pluviométrie d'automne, à Annaba.

Tableau 4.4 : *Zones d'influence des flux de chaleur latente ou sensible sur la pluviométrie saisonnière du nord de l'Algérie.*

Station	Anomalie pluviométrique de la saison	Flux de chaleur qui apporte le plus d'information	Zone de maximum de quantité d'information	Pourcentage de la variance expliquée
Annaba	DJF	Sensible (DJF)	Mer Ligure	24
	MAM	Sensible (MAM)	Détroit de Sicile	26
	JJA	Latente (JJA)	Alboran ouest	20
	SON	Latente (DJF)	Adriatique sud	24
Alger	DJF	Latente (DJF)	Golfe du Lion	23
	MAM	Sensible (MAM)	Adriatique nord	25
	JJA	Sensible (JJA)	Bassin Algérien sud	24
	SON	Sensible (SON)	Mer Ligure	36
Oran	DJF	Latente (DJF)	Tyrrhénien nord	21
	MAM	Latente (MAM)	Tyrrhénien nord	28
	JJA	Sensible (JJA)	Ionien nord	29
	SON	Sensible (SON)	Adriatique nord	19

DJF=hiver; MAM=printemps; JJO=été; SON=automne.

L'influence du flux de chaleur latente sur la température est plus nette à Annaba et à Alger qu'à n'importe quel autre endroit. Les principales régions d'influence se situent en Méditerranée occidentale et centrale. Dans ces régions, les flux de chaleur peuvent réduire la variance inexpliquée de la pluviométrie de 25%, en moyenne, avec un minimum de 19% et un maximum de 36%. Cette réduction de la variance inexpliquée de la température est de 24% en moyenne, la gamme de variation étant de 12% à 41%. En conséquence, les anomalies saisonnières des flux de chaleur latente ou sensible dans les régions sélectionnées seront utilisées pour la prévision saisonnière probabiliste.

Tableau 4.5 : *Zones d'influence des flux de chaleur latente ou sensible sur la température saisonnière du nord de l'Algérie.*

Station	Anomalie pluviométrique de la saison	Flux de chaleur qui apporte le plus d'information	Zone de maximum de quantité d'information	Pourcentage de la variance expliquée
Annaba	DJF	Latente (DJF)	Bassin Algérien nord	33
	MAM	Latente (MAM)	Tyrrhénien nord	18
	JJA	Latente (JJA)	Bassin Algérien sud	30
	SON	Latente (SON)	Mer Ligure	17
Alger	DJF	Latente (DJF)	Mer Ligure	30
	MAM	Latente (MAM)	Tyrrhénien sud	15
	JJA	Latente (JJA)	Bassin Algérien sud	28
	SON	Sensible (SON)	Tyrrhénien sud	12
Oran	DJF	Sensible (DJF)	Ionien nord	41
	MAM	Latente (SON)	Tyrrhénien nord	19
	JJA	Sensible (JJA)	Golfe du Lion	35
	SON	Sensible (SON)	Adriatique sud	15

DJF=hiver; MAM=printemps; JJO=été; SON=automne.

4.3.4 Discussion

Les résultats de l'analyse de causalité au sens de Granger révèlent qu'il existe des relations significatives entre les anomalies des flux de chaleur à l'interface air-mer en Méditerranée et les anomalies pluviométriques et thermiques dans le nord Algérien, le temps de réponse étant principalement de quatre saisons. Toutefois, ces résultats ne donnent aucune indication sur le degré ou le sens de ces relations. Les mécanismes qui expliquent les relations statistiques établies demeurent mal connus. Le décalage de quatre saisons entre la cause et l'effet est un peu surprenant. Cependant, il existe une certaine cohérence entre ces résultats et la circulation des eaux de surface en Méditerranée qui expliquerait éventuellement ces mécanismes.

Des schémas de plus en plus précis de la circulation des eaux de surface en Méditerranée ont été établis au cours des dernières décennies (Millot, 1987, 1999; Send & coll., 1999; Hamad & coll., 2004; Millot & Taupier-Letage, 2005). En surface (figure 4.2), on trouve l'eau d'origine atlantique (*AW : Atlantic Water*) qui est modifiée continuellement par interaction avec l'atmosphère et par le mélange avec l'eau atlantique plus ancienne.

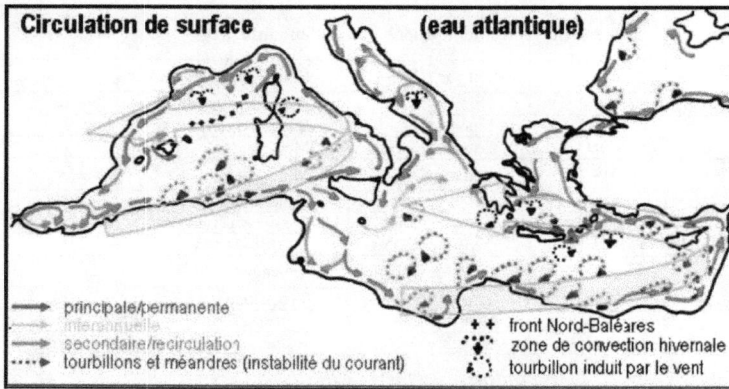

Figure 4.2 : *Schéma de circulation des eaux de surface dans la Méditerranée. (Millot and Taupier-Letage, 2005.)* *http://www.ifremer.fr/lobtln/OTHER/schema_circulationsurface_Medit erranee.png*

La circulation de l'eau atlantique est caractérisée, notamment, par la présence, au large de la Crète, au large de la Lybie et de l'Égypte et au large de l'Algérie, de tourbillons anticycloniques qui se propagent vers l'est (en aval). Ces tourbillons peuvent rester stationnaires pendant des mois, voire même quelques années. Les tourbillons du large (*open-sea eddies*) piégés dans le sous-bassin algérien ont des durées de vie pouvant atteindre environ trois ans (Puillat & coll., 2002). Ils suivent un circuit cyclonique dans la partie orientale des côtes algériennes (Fuda & coll., 2000), nommée «zone d'accumulation des tourbillons de l'est Algérien». La zone correspondant à la dépression d'Hérodote est reconnue comme une zone d'accumulation et d'interaction et a été nommée «zone d'accumulation de tourbillons du Levantin Ouest» par Millot et Taupier-Letage (2005). Du delta du Nil au Moyen-Orient sud et central, les processus d'instabilité génèrent des structures (semblables à des champignons) qui larguent de l'eau atlantique vers le large et alimentent le tourbillon Shikmona (*Shikmona gyre*) que Millot et Taupier Letage (2005) nomment «zone d'accumulation de tourbillons du Levantin Est». Millot et Taupier-Letage (2005) ont montré qu'au sud-est de la Crète, le tourbillon anticyclonique *Ierapetra* est créé chaque été par le vent Meltemi près de la pointe sud-est de la Crète. Il peut demeurer stationnaire pendant un an (et alors être renforcé l'année suivante). Le tourbillon Ierapetra peut donc survivre pendant des années et souvent interagir avec les tourbillons libyo-égyptiens. Les deux sous bassins, le Tyrrhénien et le Levantin oriental, sont protégés des vents de l'ouest et du nord par l'orographie, dans le cas du Tyrrhénien, et par la distance, dans le cas du Levantin oriental. Ainsi, les eaux du large sont relativement légères parce qu'elles sont peu mélangées et non refroidies.

Dans les zones d'accumulation des tourbillons anticycloniques, il pourrait se produire un chauffage supplémentaire et cumulatif à la surface de la mer. Ce chauffage pourra générer des effets différés à travers les flux de chaleur à l'interface air-mer, notamment sur le littoral algérien avec un temps de réponse de l'ordre de l'année. De plus, l'accumulation de la chaleur radiative peut conduire à un refroidissement différé de la surface de la mer, ce qui pourrait expliquer la variabilité des fréquences de pluies torrentielles dans le nord de l'Algérie.

Dans le nord et le nord-ouest du golfe du Lion, le Mistral et la Tramontane donnent lieu à six cellules de remontée d'eau (*upwelling*) lorsqu'il y a stratification des eaux (Millot & Wald, 1980). Le long de la côte espagnole, près de la frontière entre le bassin d'Alboran et le bassin algérien, il y a création d'importants gradients horizontaux; les îles Baléares protègent, des vents de l'ouest, l'eau atlantique (*AW*) entraînée par les tourbillons algériens et fixent la position du front nord-Baléares à l'ouest (Lopez-Garcia et coll., 1994).

Quatre dipôles sont générés par l'orographie et l'effet «entonnoir» du vent (figure 4.3). Ils comportent : i)- un tourbillon anticyclonique (d'*AW*) associé à une zone fraîche d'eau méditerranéenne (*Mediterranean Water* (*MW*) ou *AW* plus denses), un tourbillon de petite taille (dans le sous-bassin catalan) et une zone plus grande et froide (dans le sous-bassin provençal et la mer Ligurienne); ii)- un tourbillon de petite taille (au nord-est de la Sardaigne) et une zone limitée mais permanente d'eau froide où pourrait se former de l'eau dense; iii)- un tourbillon de grande taille (*Pelops*) et une zone fraîche limitée (souvent appelée «*western Cretan eddy*») et iv)- un tourbillon de grande taille (Ierapetra) et une zone de grand froid (le nord).

Dans ces zones de convection, de plongée (*downwelling*) et de remontée (upwelling) d'eau, il est probable que le flux air-mer de chaleur sensible, de part et d'autre du front de SST, contraindra la formation d'un front de température atmosphérique de surface qui aura tendance à se maintenir. Ce mécanisme, ou ajustement barocline («*oceanic baroclinic adjustment*»), produit une zone barocline dans la basse atmosphère (Nakamura & coll., 2008; Nonaka & coll., 2009; Taguchi & coll., 2009) qui peut être instable et interagir avec les courants jets de la haute troposphère (Hoskins & coll., 1985). Ce mécanisme produira probablement une anomalie thermique sur le littoral algérien, un an plus tard. De plus, la différence de température air-mer (instable sur le flanc chaud du front de SST) déclenche de forts flux de chaleur latente en surface; l'apport associé de vapeur d'eau (et le dégagement de chaleur latente par convection humide qui en résulte) réchauffera l'atmosphère et créera un gradient méridien de température atmosphérique sur toute la verticale (Minobe & coll., 2008) qui aura une incidence sur la dynamique de la trajectoire de tempête.

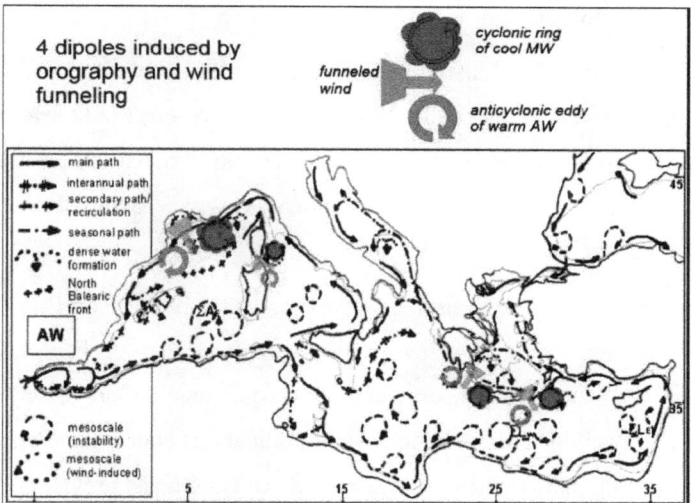

Figure 4.3 : *Schéma représentant les q*uatre dipôles générés par l'orographie et l'effet «entonnoir» du vent *sur la surface de la Méditerranée. (Millot and Taupier-Letage, 2005).* http://www.ifremer.fr/lobtln/OTHER/schema_circulationsurface_Medi terranee.png

Nous reconnaissons que ces résultats ont un fond statistique et qu'ils sont limités par la caractéristique du schéma utilisé dans la présente étude. Les conclusions quant à l'existence d'une causalité peuvent être influencées par l'omission d'autres variables pertinentes qui sont, en fait, des variables causales. De plus, la dynamique océan-atmosphère associée à ces processus est complexe et mal connue dans la région méditerranéenne. Il faudra en tenir compte lors de futurs travaux.

Or, l'utilisation du test de causalité au sens de *Granger* dans ce contexte nous a permis de découvrir des sources possibles de forçage qui associent mieux le système océan-atmosphère.

4.4 Prévision probabiliste de la pluviométrie et température

4.4.1 Méthodologie

Nous avons utilisé l'analyse en composites des anomalies saisonnières des flux de chaleur latente et/ou sensible dans les régions Méditerranéennes sélectionnées pour élaborer un système de prévision probabiliste saisonnière de précipitations et des températures sur chacune des stations de référence du nord de l'Algérie.

Pour l'ensemble des saisons, la période 1959–1989 a servi de fichier d'apprentissage (fichier mère) pour le calcul des probabilités des évènements historiques (coefficients des équations de prévision) et la période 1990–1999 a servi de fichier test (validation) pour l'élaboration des prévisions et l'établissement de la qualité de ce système de prévision.

L'analyse en composites est une technique d'échantillonnage basée sur la probabilité conditionnelle de l'occurrence d'un certain événement. Elle utilise la fréquence entre un paramètre climatique (température, par exemple) et un événement climatique (fortes pertes de chaleur à l'interface air-mer, par exemple). Le résultat final est une prévision probabiliste du paramètre climatique, qu'il soit au-dessus, proche ou au-dessous de la normale. L'analyse en composites a été utilisée pour la première fois par Montroy et coll. (1998) et adaptée par la suite par Barnston et al. (1999).

104

Elle peut être exécutée sur une variété de paramètres du climat, puisqu'elle n'est pas limitée par des hypothèses spécifiques, contrairement à l'analyse de régression qui exige, au départ, que la répartition des données suive une loi normale.

La première étape de l'analyse en composites comprend la préparation des données saisonnières de précipitation et de température pour la période 1959-1999 tirées des stations de référence du nord de l'Algérie. La valeur saisonnière (V) de précipitation et de température pour chaque station est classée en trois catégories : une catégorie au-dessus de la normale si $V \geq \bar{V} + \sigma$ (*où $\bar{V}$ est la normale et σ est l'écart type*), une catégorie au-dessous de la normale si $V \leq \bar{V} - \sigma$ et une catégorie normale si $(\bar{V} - \sigma) \leq V \leq (\bar{V} + \sigma)$.

De la même façon, l'anomalie saisonnière (A_F) de flux de chaleur latente et/ou sensible, sur la période 1958–1998 dans chacune des régions sélectionnées de la Méditerranée, est considérée comme :

- un évènement fort si $A_F \geq 1 \Leftrightarrow F \geq (F_{moy} + \sigma_F)$;
- un évènement faible si $A_F \leq -1 \Leftrightarrow F \leq (F_{moy} - \sigma_F)$
- un évènement neutre si $-1 \leq A_F \leq +1 \Leftrightarrow (F_{moy} - \sigma_F) \leq F \leq (F_{moy} + \sigma_F)$.

La deuxième étape de l'analyse en composites consiste à déterminer la distribution fréquentielle saisonnière des précipitations et des températures à chacune des stations de référence du nord de l'Algérie, pour la période 1959-1989. Selon les informations obtenues lors de la première étape, le nombre d'occurrences du paramètre climatique dans l'une des trois catégories est compté sans tenir compte du flux de chaleur. La fréquence annuelle est obtenue lorsqu'on tient compte de toutes les saisons à la fois.

D'après les informations obtenues lors de la première étape, la troisième étape permet de déterminer la distribution historique des événements à chacune des trois stations de référence du nord de l'Algérie. Pour chaque événement du flux de chaleur latente et/ou sensible durant la période 1958-1988, le nombre d'occurrences dans l'une des trois catégories du paramètre climatique est compté, de même que le nombre total d'occurrences. Ces probabilités relatives calculées pour chaque occurrence représentent la distribution des événements historiques, c'est-à-dire les probabilités d'occurrence de la précipitation et de la température observée dans l'une des trois catégories (au-dessus de la normale, normale ou au-dessous de la normale) lorsqu'il se produit des événements forts, neutres et faibles du flux de chaleur latente et/ou sensible. Elles constituent les coefficients de l'équation de prévision probabiliste correspondante.

La quatrième étape de l'analyse en composites permet de déterminer le risque pour la période 1958-1988 en vue d'établir si la distribution historique des événements déterminée lors de la troisième étape est statistiquement significative ou non. La distribution hypergéométrique sert d'outil pour décrire la distribution de probabilité de toutes les occurrences possibles de l'une des trois catégories (au-dessus de la normale, normale ou au-dessous de la normale) du paramètre climatique (précipitation et température) durant les événements forts, neutres ou faibles du flux de chaleur latente ou sensible.

La distribution hypergéométrique est un estimateur de loi binomiale et s'applique à des épreuves sans remise dans une population finie (chaque observation étant soit un succès, soit un échec); elle donne la probabilité pour tous les résultats possibles. L'équation suivante donne la probabilité de la distribution hypergéométrique:

$$P(X=x)=h(x,n,M,N)=\frac{\binom{M}{x}\binom{N-M}{n-x}}{\binom{N}{n}}=\frac{C_x^M \times C_{n-x}^{N-M}}{C_n^N} \qquad (4.4)$$

Où ;

x : est le nombre de cas d'occurrence de la classe au-dessus, normale ou au-dessous de la normale de la température et de précipitation lors des évènements forts, neutres ou faibles du flux de chaleur latente ou sensible;

n : est le nombre total des évènements forts, neutres ou faibles du flux de chaleur latente ou sensible;

M : est le nombre total de cas d'occurrence de la classe au-dessus, normale ou au-dessous de la normale de la température et de précipitation lors des évènements forts, neutres et faibles du flux de chaleur latente ou sensible;

N : est le nombre total des évènements forts, neutres et faibles du flux de chaleur latente ou sensible.

$C_x^M = \dfrac{M!}{x!(M-x)!}$: est le nombre de combinaison de x cas à partir d'un total de M cas;

$C_{n-x}^{N-M} = \dfrac{(N-M)!}{(n-x)!(N-M-n+x)!}$: est le nombre de combinaison de $(n–x)$ cas à partir d'un total de $(N-M)$ cas;

$C_n^N = \dfrac{N!}{n!(N-N)!}$: est le nombre de combinaison de n cas à partir d'un total de N cas;

En se basant sur les informations obtenues lors de la troisième étape, pour chaque station de référence et chaque saison, pour chaque événement du flux de chaleur latente ou sensible (fort, neutre et faible) et pour chaque catégorie du paramètre climatique (température et précipitation), un tableau d'analyse du risque est élaboré qui présente les valeurs des variables requises pour les calculs dans la distribution hypergéométrique.

Une fois le tableau de risque déterminé pour chaque occurrence, les probabilités $P(X)$ et les valeurs de $\sum P(X)$ et de $\left(1-\sum P(X)\right)$ sont calculées pour tous les résultats possibles (0 à n). Les $P(X)$ calculées pour chaque occurrence constituent les valeurs de l'analyse du risque.

Pour déterminer la significativité statistique, la valeur de $P(X = x)$ est comparée aux valeurs de la fourchette inférieure $\left(\sum P(X)\right)$ ou aux valeurs de la fourchette supérieure $\left(1-\sum P(X)\right)$ de la distribution.

Par exemple, à un niveau de significativité statistique de 10% (intervalle de confiance de 90%), les valeurs de $\left(\sum P(X)\right) \leq 0.1$ et $\left(1-\sum P(X)\right) \leq 0.1$ représentent respectivement les 10% inférieur et supérieur de la fonction de distribution de la probabilité et définissent les valeurs de significativité. Par conséquent, si la valeur de $P(X = x)$ est dans l'une des deux fourchettes, l'analyse en composites des évènements historiques est statistiquement significative au niveau de 10% (p = 0.10).

Si toutes les valeurs de l'analyse du risque montrent une significativité statistique, alors on continue l'élaboration de la prévision basée sur l'analyse en composites. Mais, si toutes les valeurs de l'analyse du risque ne montrent aucune significativité statistique, alors aucune prévision ne doit être faite par l'analyse en composites.

La cinquième étape a pour objectif la réalisation des prévisions probabilistes saisonnières pour la période 1990-1999, en utilisant les événements du flux de chaleur latente et/ou sensible de la période 1989-1998. Pour chaque station de référence, chaque saison et chaque paramètre climatique (précipitation et température), la prévision probabiliste d'une catégorie (au-dessus de la normale, normale ou au-dessous de la normale) est donnée par l'équation suivante:

$$\text{Prev}_{Cat\acute{e}gorie}^{Station} = \left[P_{Cat\acute{e}gorie/\,fort}^{Station} \times F_{fort}^{Flux} \right] + \left[P_{Cat\acute{e}gorie/\,neutre}^{Station} \times F_{neutre}^{Flux} \right] + \left[P_{Cat\acute{e}gorie/\,faible}^{Station} \times F_{faible}^{Flux} \right] \qquad (4.5)$$

Où

$P_{Cat\acute{e}gorie/\,fort}^{Station}$: est la probabilité d'occurrence du paramètre climatique dans la classe au-dessus, normale ou au-dessous de la normale lorsque les évènements forts du flux de chaleur latente ou sensible se produisent. Elle est calculée lors de la 3ème étape;

$P_{Cat\acute{e}gorie/\,neutre}^{Station}$: est la probabilité d'occurrence du paramètre climatique dans la classe au-dessus, normale ou au-dessous de la normale lorsque les évènements neutres du flux de chaleur latente ou sensible se produisent. Elle est calculée lors de la 3ème étape;

$P_{Cat\acute{e}gorie/\,faible}^{Station}$: est la probabilité d'occurrence du paramètre climatique dans la classe au-dessus, normale ou au-dessous de la normale lorsque les évènements faibles du flux de chaleur latente ou sensible se produisent. Elle est calculée lors de la 3ème étape;

F_{fort}^{Flux} , F_{neutre}^{Flux} et F_{faible}^{Flux} : sont respectivement les probabilités prévues des évènements forts, neutres et faibles du flux de chaleur latente ou sensible.

Comme les flux de chaleur sont des observations (ils sont calculés à partir des observations et non des prévisions) pour la période 1989-1998, alors :

$F_{fort}^{Flux} = 1$, $F_{neutre}^{Flux} = 0$ et $F_{faible}^{Flux} = 0$ lorsqu'on a un évènement fort du flux de chaleur;

$F_{fort}^{Flux} = 0$, $F_{neutre}^{Flux} = 1$ et $F_{faible}^{Flux} = 0$ lorsqu'on a un évènement neutre du flux de chaleur;

$F_{fort}^{Flux} = 0$, $F_{neutre}^{Flux} = 0$ et $F_{faible}^{Flux} = 1$ lorsqu'on a un évènement faible du flux de chaleur.

Donc, la probabilité prévue pour la précipitation ou la température d'être au-dessus, normale ou au-dessous de la normale est la prévision saisonnière qui inclut les probabilités de tous les résultats possibles des évènements forts, neutres et faibles du flux de chaleur latente ou sensible.

La vérification (sixième étape) est effectuée sur la période de 10 ans (1990-1999), en utilisant la mesure de Brier (Brier Score [*BS*]; Brier, 1950) pour évaluer les performances de la prévision probabiliste saisonnière de la pluviométrie et de la température basée sur l'analyse en composites.

La mesure de Brier (*BS*) représente la moyenne des carrés des erreurs des prévisions probabilistes (Wilks, 1995). Pour chaque catégorie (au-dessus de la normale, normale ou au-dessous de la normale), elle est définie par :

$$BS = \frac{1}{N} \sum_{i=1}^{N} (P_{ij} - O_{ij})^2 \qquad (4.6)$$

Où N est le nombre total des prévisions; j est l'une des trois catégories, j=1 à 3 (au-dessus de la normale, normale ou au-dessous de la normale); P_{ij} est la probabilité avec laquelle la température ou la précipitation est prévue d'être dans la catégorie j (j=1 à 3); et O_{ij} est l'observation et prend la valeur 1 ou 0 selon que le paramètre (température ou précipitation) est observé dans la catégorie j ou non.

La valeur de la mesure de Brier est toujours positive. Elle est de zéro dans le cas idéal d'une prévision parfaite. Elle croît avec la dégradation de la qualité de la prévision et est de 1 au maximum pour la prévision la plus mauvaise.

Quand on évalue la qualité d'un système de prévision, il est souvent souhaitable de la comparer à la qualité d'une prévision climatologique. La mesure de Brier d'une telle prévision climatologique BS_{clim} est définie, pour chaque catégorie, par :

$$BS_{clim} = f \times (1 - f) \qquad (4.7)$$

Où f est la fréquence climatologique de la température ou de la précipitation dans l'une des trois catégories (au-dessus de la normale, normale ou au-dessous de la normale). Elle est calculée lors de la deuxième étape.

On définit la mesure de succès de Brier (*Brier Skill Score* ou *BSS*), par :

$$BSS = 1 - \frac{BS}{BS_{clim}} \qquad (4.8)$$

Ainsi, les prévisions probabilistes basées sur l'analyse en composites apportent des informations en plus par rapport à la climatologie si la *BSS* est positive et sont moins bonnes que la prévision par la climatologie si la *BSS* est négative.

Pour chaque paramètre (précipitation et température), la *BSS* est calculée premièrement, pour chaque station de référence et chaque saison, deuxièmement, pour chaque station avec toutes les saisons confondues, troisièmement, pour chaque saison avec toutes les stations confondues et, enfin, pour toutes les saisons et toutes les stations confondues.

4.4.2 Résultats des distributions fréquentielles

Les distributions fréquentielles saisonnières et annuelles des précipitations et des températures, dans chacune des trois stations de référence (Figure 4.4), montrent que la catégorie normale de ces deux paramètres est la plus fréquente à toutes les échelles spatio-temporelles. Les fréquences d'occurrence des deux autres catégories (au-dessous et au-dessus de la normale) sont beaucoup plus faibles et changent de dominance relative d'une région à une autre et d'une saison à une autre.

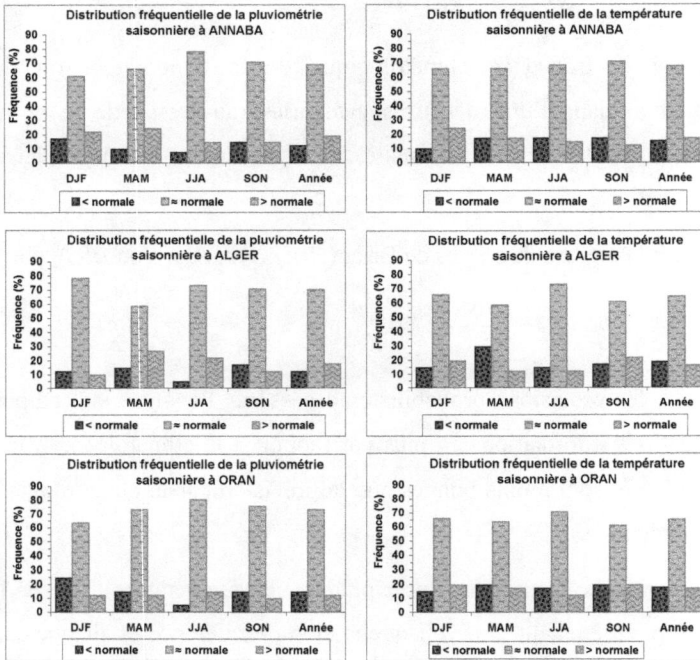

Figure 4.4 : *Distribution fréquentielle pour la période1959-1988 de la pluviométrie et de la température saisonnière dans chacune des trois stations côtières du nord de l'Algérie. «Année» représente la distribution fréquentielle à l'échelle annuelle. DJF=hiver; MAM=printemps; JJA=été; SON=automne.*

À l'échelle saisonnière, la pluviométrie au-dessus de la normale à Annaba est plus fréquente que celle au-dessous de la normale durant toutes les saisons. Par contre, la température au-dessous de la normale à Annaba est plus fréquente que celle au-dessus de la normale en été et en automne. À Alger, les précipitations au-dessus de la normale sont plus fréquentes que celles au-dessous de la normale au printemps et en été, et le contraire est observé en hiver et en automne. Les températures au-dessous de la normale sont plus fréquentes au printemps et en été, tandis que celles au-dessus de la normale sont plus fréquentes en hiver et en automne. À Oran, la pluviométrie au-dessus de la normale domine par rapport à celle au-dessous de la normale uniquement en été. Par contre, la température au-dessus de la normale domine par rapport à celle au-dessous de la normale uniquement en hiver.

D'une manière générale, la probabilité d'avoir une pluviométrie proche de la normale est la plus forte, à toutes les échelles. Dans la région côtière ouest, la probabilité d'avoir une pluviométrie au-dessus de la normale est relativement plus faible que celle d'avoir une pluviométrie au-dessous de la normale. L'inverse est observé pour les régions centrales et est. La probabilité d'avoir une température proche de la normale est aussi la plus forte à toutes les échelles. Toutefois, dans la région côtière est, la probabilité d'avoir des températures au-dessus de la normale est relativement plus forte que celle d'avoir des températures au-dessous de la normale. L'inverse est observé pour les regions central et ouest.

4.4.3 Résultats de l'analyse en composites

Les figures 4.5 à 4.7 présentent les distributions des événements historiques (1958-1989) basées sur les analyses en composites. Elles donnent, pour chaque saison, les probabilités d'occurrence de la pluviométrie et de la température dans l'une des trois catégories (au-dessous de la normale, normale ou au-dessus de la normale) lorsque les événements forts, neutres et faibles du flux de chaleur (latente ou sensible) se produisent. Ces probabilités (en %) représentent les coefficients à introduire pour le calcul de la prévision probabiliste pour chaque saison.

Les résultats relatifs aux précipitations montrent que la probabilité d'occurrence de la pluviométrie proche de la normale est la plus importante pour toute saison et toute région côtière algérienne, quel que soit l'événement du flux de chaleur, exception faite pour la pluviométrie à Oran (figure 4.7) au printemps et à l'automne lors des épisodes faibles des flux de chaleur. Or, on note à Annaba (figure 4.5) et à Alger (figure 4.6) une probabilité nulle pour les trois catégories durant la saison estivale (JJA) lors des épisodes forts des flux de chaleur.

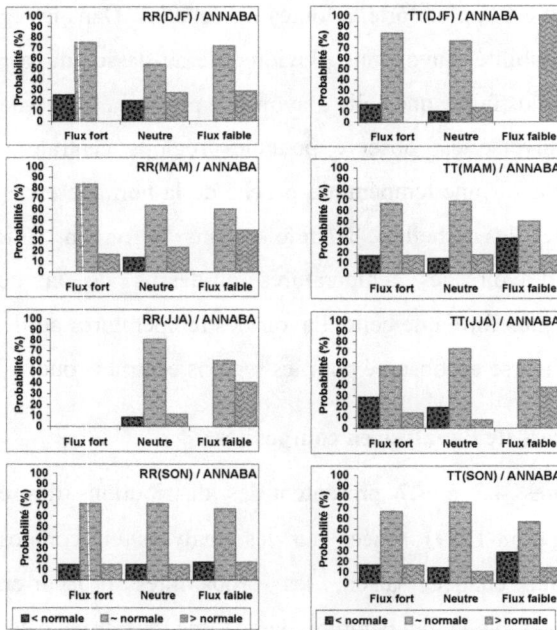

Figure 4.5 : *Probabilités d'occurrence de la pluviométrie (RR) et de la température (TT) à **ANNABA** dans l'une des trois catégories (au-dessous, proche ou au-dessus de la normale) lorsque les épisodes forts, neutres et faibles du flux de chaleur latente ou sensible à l'interface air-mer en méditerranée se produisent. DJF=hiver; MAM=printemps; JJA=été; SON=automne.*

Les probabilités d'occurrence des deux autres catégories (au-dessous et au-dessus de la normale) sont beaucoup plus faibles et changent de supériorité relative d'une région côtière à une autre et d'une saison à une autre. À Annaba (figure 4.5), l'importance de la probabilité d'occurrence de la pluviométrie au-dessus de la normale n'est pas nettement visible lors des épisodes forts des flux de chaleur, et elle est relativement plus forte lors des épisodes neutres des flux de chaleur, en particulier pendant l'hiver et le printemps. Lors des épisodes faibles des flux de chaleur, et à l'exception de la saison d'automne, la probabilité d'avoir une pluviométrie au-dessus de la normale est plus importante. À Alger (figure 4.6), la probabilité d'occurrence d'une pluviométrie au-dessous de la normale est nulle lors des épisodes extrêmes du flux de chaleur, en été et en automne. Lors des épisodes forts du flux de chaleur, cette probabilité est plus forte au printemps, et lors des épisodes faibles du flux de chaleur, elle est plus forte uniquement en hiver. À Oran (figure 4.7), la probabilité d'occurrence de la pluviométrie au-dessous de la normale est plus importante en hiver quel que soit l'événement du flux de chaleur. Elle est aussi plus importante lors des épisodes forts et neutres des flux de chaleur au printemps et lors des événements faibles en automne.

Pour ce qui est de la température, les résultats montrent que la probabilité d'occurrence des températures normales est également la plus importante pour toute saison et toute région côtière Algérienne, quel que soit l'événement du flux de chaleur. Les seules exceptions sont pour la saison d'hiver à Annaba (figure 4.5), où elle est nulle lors des épisodes faibles des flux de chaleur, et pour les saisons d'été et d'automne à Oran (figure 4.7) lors des épisodes faibles des flux de chaleur.

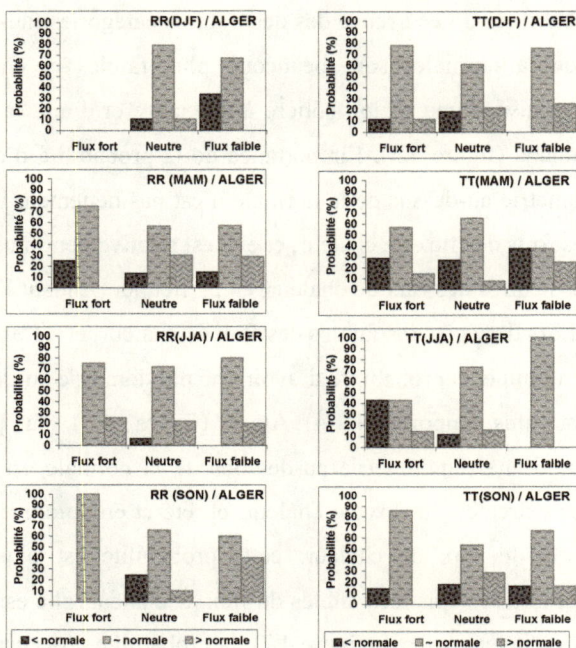

Figure 4.6 : *Probabilités d'occurrence de la pluviométrie (RR) et de la température (TT) à **ALGER** dans l'une des trois catégories (au-dessous, proche ou au-dessus de la normale) lorsque les épisodes forts, neutres et faibles du flux de chaleur latente ou sensible à l'interface air-mer en méditerranée se produisent. DJF=hiver; MAM=printemps; JJA=été; SON=automne.*

Les probabilités d'occurrence des deux autres catégories de température (au-dessous et au-dessus de la normale) sont aussi beaucoup plus faibles et changent également de supériorité relative d'une région côtière à une autre et d'une saison à une autre. À Annaba (figure 4.5), lors des événements forts des flux de chaleur, la probabilité d'occurrence des températures au-dessous de la normale est nettement plus forte l'été et l'hiver, alors que cette importance n'est pas évidente au printemps et à l'automne. Lorsque les événements faibles des flux de chaleur se produisent, la probabilité

116

d'avoir des températures au-dessous de la normale est nulle en hiver et en été, alors qu'elle est plus importante au printemps et à l'automne.

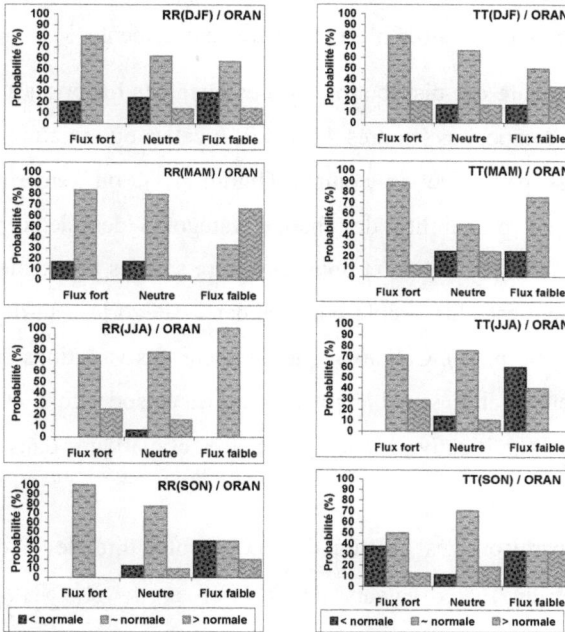

Figure 4.7 : *Probabilités d'occurrence de la pluviométrie (RR) et de la température (TT) à **ORAN** dans l'une des trois catégories (au-dessous, proche ou au-dessus de la normale) lorsque les épisodes forts, neutres et faibles du flux de chaleur latente ou sensible à l'interface air-mer en méditerranée se produisent. DJF=hiver; MAM=printemps; JJA=été; SON=automne.*

À Alger (figure 4.6), lors des épisodes forts des flux de chaleur, la probabilité d'occurrence de la température au-dessous de la normale est plus forte du printemps à l'automne. À Oran (figure 4.7), lors des épisodes forts des flux de chaleur, la probabilité d'occurrence des températures au-dessous de la normale est plus importante en automne alors qu'elle est nulle au cours des autres saisons. Lors des épisodes faibles des flux de

117

chaleur, la probabilité d'occurrence des températures au-dessous de la normale est plus faible uniquement en hiver. Par ailleurs, l'importance des probabilités d'occurrence de l'une, par rapport à l'autre, des deux catégories de la température n'est pas nettement évidente.

Si on compare ces distributions des événements historiques basées sur l'analyse en composites (figures 4.5 à 4.7) à celles où la nature du flux de chaleur n'est pas prise en compte (figure 4.4), on remarque que la distribution de probabilité de chaque catégorie des deux paramètres climatiques à chaque station et pour les quatre saisons a nettement changé. Ce changement est plus visible pour les deux catégories (au-dessus et au-dessous de la normale). Cela explique que pour des variations dans le flux de chaleur latente et/ou sensible notamment, les épisodes forts et faibles ont une influence significative sur les paramètres climatiques dans le nord de l'Algérie.

La comparaison des valeurs de $P(x)$ (probabilité de la distribution hypergéométrique) aux valeurs de $\sum P(X)$ et de $(1 - \sum P(X))$ montre qu'avec un intervalle de confiance de 95%, la significativité statistique de l'analyse en composites n'est pas généralisée. Par contre, l'analyse en composites de tous les événements historiques (1958-1989) est statistiquement significative avec un intervalle de confiance de 90%.

La prévision probabiliste saisonnière de la pluviométrie et de la température dans le nord de l'Algérie, basée sur l'analyse en composites, est réalisée pour la période 1990-1999 et la qualité des prévisions probabilistes est obtenue par le calcul de la mesure de succès de Brier (*BSS*).

Les résultats, présentés à la figure 4.8, montrent que les indices des prévisions de la catégorie normale des précipitations et des températures sont beaucoup plus importants que ceux des catégories au-dessous et au-dessus de la normale. Les indices obtenus pour l'ensemble des occurrences sont positifs, ce qui implique que la prévision probabiliste de la pluviométrie et de la température basée sur l'analyse en composites des flux de chaleur latente ou sensible à l'interface air-mer en Méditerranée est meilleure que la prévision par la climatologie (prévision par le hasard). En effet, elle apporte, en moyenne, un plus par rapport à la climatologie, soit d'environ 39% et 36% respectivement pour la prévision des précipitations et des températures normales, et d'environ 11% et 14% respectivement pour la prévision des précipitations et des températures au-dessous et au-dessus de la normale.

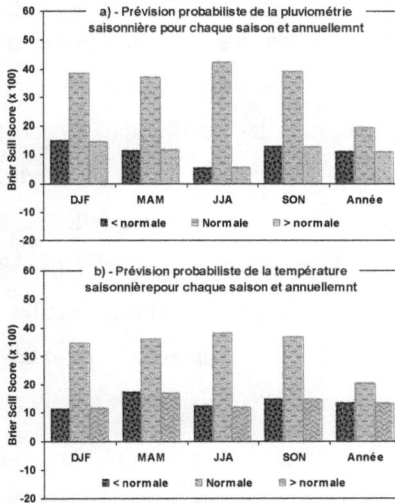

Figure 4.8 : *Mesure de succès de Brier (Brier Skill Score) pour les prévisions probabilistes saisonnières basées sur l'analyse en composites du flux de chaleur latente ou sensible à l'interface air-mer en Méditerranée.DJF=hiver; MAM=printemps; JJO=été; SON=automne.*

119

Par ailleurs, on note que l'indice des prévisions de la pluviométrie normale est plus fort en été et en automne qu'en hiver et au printemps. Par contre, celui des classes au-dessous et au-dessus de la normale est relativement meilleur en hiver et en automne. Il est un peu meilleur à l'ouest qu'au centre. Pour la température, l'indice des prévisions de la classe normale est relativement stable. Par contre, celui des classes extrêmes (au-dessous et au-dessus de la normale) est relativement meilleur en automne et au printemps. Il est un peu meilleur au centre qu'à l'est.

4.1 Conclusion

Les résultats obtenus au cours des dernières années ont suggéré que les études de la variabilité des flux de chaleur à l'interface air-mer en Méditerranée pourraient nous apporter beaucoup au sujet des signaux climatiques de surface à différentes échelles spatio-temporelles.

Dans ce contexte, et à partir des anomalies des champs saisonniers des flux de chaleur latente et sensible estimés à l'interface air-mer en Méditerranée, la comparaison des distributions fréquentielles de la nature de la pluviométrie et de la température dans le nord algérien, sans tenir compte de la nature des flux de chaleur, avec celles où la nature du flux de chaleur est pris en considération nous a permis de détecter les relations entre les paramètres climatiques dans nord région et les flux saisonniers de chaleur latente ou sensible à l'interface air-mer en Méditerranée, notamment pour les épisodes forts et faibles de ces flux.

Les relations causales montrent que la variation saisonnière dans les flux de chaleur latente et/ou sensible agirait sur la variabilité pluviométrique et thermique saisonnière dans le nord de l'Algérie avec un temps de réponse essentiellement de quatre saisons. Les flux de chaleur air-mer en Méditerranée occidentale influencent surtout les champs pluviométriques et thermiques de la partie orientale du littoral algérien, tandis que ceux de la Méditerranée centrale agiraient sur les paramètres climatiques de la partie occidentale du littoral algérien. En conséquence, elle peut être une source de prévisibilité à l'échelle de notre région.

L'utilisation des flux de chaleur comme données indirectes (*Proxy*) pour la prévision probabiliste saisonnière montre une amélioration de 36% à 39% pour la prévision de l'état normal, et de 11% à 14% pour la prévision de l'état extrême. Ce qui implique que le système élaboré de prévision probabiliste de la pluviométrie et de la température basée sur l'analyse en composites des flux de chaleur latente et/ou sensible à l'interface air-mer en méditerranée est meilleure que la prévision par la climatologie (prévision par le hasard).

Pour ce qui est de l'incertitude actuelle qui existe quant aux flux de chaleur à l'interface air-mer (mesures et suivis), il est probable toutefois que les anomalies de la température de surface (SST) apportent autant d'informations que les flux de chaleur pour la prévision saisonnière.

Modes de variabilité basse fréquence et variabilité interannuelle de la pluviométrie au nord Algérien

5.1 Introduction

Les conditions climatiques actuelles affectent les systèmes naturels, sociaux, et économiques d'une manière confirmant des sensibilités et des vulnérabilités aux changements du climat. L'Afrique du nord, l'Algérie en particulier, est envisagée d'être parmi les régions les plus vulnérables (IPCC, 2007). D'après Christensen et al. (2007), les précipitations le long de la côte méditerranéenne sont susceptibles de décroître de 20% en valeur moyenne annuelle, d'ici 2100. Parmi les paramètres du climat, la pluviométrie est une source de grande préoccupation, puisque sa variabilité et ses extrêmes ont d'importantes implications économiques et sociales. En effet, les aléas les plus dommageables et les plus fortement éprouvants étant liés à l'irrégularité et à la variabilité des pluies, à savoir les grandes sécheresses et les pluies exceptionnelles. Au cours du siècle précédent, l'Algérie a vécu plusieurs périodes de sécheresse dont les plus intenses ont été ressenties en 1910 et en 1940 et de manière plus persistante dans les années 1980. Les mesures des apports en eau dans certains barrages indiquent, en moyenne, que les apports ont diminué de moitié entre la période sèche (1976-1998). Elle a connue aussi une période humide (1945-1975) (Safar Zitoun, 2006). Ainsi, la quantification de la variabilité interannuelle à celle multi-décennale des précipitations à une multitude d'applications dans les recherches liées à l'eau et à la planification. En plus, il est crucial d'avoir une compréhension physique des processus régissant les variations du.

Le climat Algérien est du type méditerranéen qui est connu par des hivers doux/relativement humides et des étés chauds/secs, actuellement présente des caractéristiques spatiales et temporelles intriquées (Lionello et al., 2006a). La forte variabilité interannuelle est également une caractéristique spécifique des précipitations méditerranéennes (Bolle, 2002; Xoplaki et al., 2004). Des études antérieures (Rodriguez-Fonseca & Castro, 2002; Hurrell et al., 2003; Cassou, 2004) ont montré que son climat est influencé par le système climatique tropical et celui des latitudes moyennes. En particulier, sa pluviométrie est influencés par les modes de variabilité basse fréquence, notamment l'Oscillation Nord Atlantique (*NAO*) (Trigo et al., 2006). Elle est aussi influencé par les moussons asiatiques et africains et par la poussière saharienne (Alpert et al., 2006).

La pluviométrie en Algérie est principalement associée aux perturbations cycloniques synoptiques et méso-échelles (Lionello et al., 2006b). Le développement et le passage des systèmes pluvieux sur la région semblent être affectés par une combinaison de facteurs tel que : la circulation à grande échelle, les caractéristiques orographiques locales et la proximité à la mer (Dünkeloh & Jacobeit, 2003; Homar et al., 2007). En effet, selon H. Meddi & M. Meddi (2007), la variabilité interannuelle des pluies augmente lorsque l'on se rapproche des régions arides (au sud), l'augmentation de cette variabilité suit l'accroissement de la longitude et la diminution de la latitude, alors que l'altitude atténue cette augmentation, ces facteurs géographiques demeurent constants. Cependant, la variabilité interannuelle des précipitations peut se quantifier et s'interpréter grâce à un nombre restreint de modes ou circulations atmosphériques et/ou océaniques typiques. Les modes de variabilité basse fréquence sont des concepts pour comprendre les liens complexes entre la circulation d'échelle globale et/ou régionale et le climat régional et/ou local, y compris l'occurrence des événements extrêmes. Etudier ces relations est de grand intérêt dans une région de forte variabilité pluviométrique tel que l'Algérie.

Les modes de variabilité les plus connus dans notre région est le *NAO* qui domine les fluctuations du temps et du climat sur la région Méditerranéenne. La phase négative du *NAO* est en faveur des précipitations nord africaines (Hurrell et al., 2003). Cependant, cette relation entre le *NAO* et la pluviométrie ne peut pas être considérée entièrement stable et solide (Vicente-Serrano & Lopez-Moreno, 2008; Beranova & Huth, 2007).

L'influence des tropiques sur la pluviométrie nord africaine a été aussi examinée par différents auteurs à travers le phénomène *ENSO*. Nicholson et Kim (1997) et Ward et al. (1999) ont mis en évidence une certaine influence de l'*ENSO* sur les précipitations du nord africain. La phase chaude (positive) du phénomène *ENSO* favoriserait, en Afrique du nord, une réduction des précipitations notamment printanières. Les études de la variabilité des impacts d'autres modes de variabilité basse fréquence ont concluent aussi que la relation entre ces modes et les précipitations varie également dans le temps et dans l'espace (Krichak & Alpert, 2005; Beranova & Huth, 2008).

Dans une perspective de mettre à jour et d'affiner davantage les résultats des études sur la variabilité des précipitations au niveau de l'Algérie, il est important de vérifier s'il y a une compatibilité entre les modes de variabilité basse fréquence et la variabilité interannuelle de la pluviométrie à l'échelle du nord algérien. De plus, en cas d'existence de liens significatifs, il est aussi intéressant de déterminer dans quelle mesure demeurent constants dans le temps.

Pour vérifier cette hypothèse, nous avons choisi d'analyser les précipitations dans le nord algérien, situé au sud-ouest du bassin méditerranéen qui est sous l'influence de la branche descendante de la circulation de Hadley en été et des flux d'ouest de l'océan Atlantique en hiver. Le choix de cette région est basé sur trois raisons principales. Premièrement, l'existence des données de mesure de longue durée sur un réseau de stations distribué convenablement. Deuxièmement, cette région a souffert d'une réduction considérable de précipitations sur les 40 dernières années (H. Meddi & M. Meddi, 2009; Hirche et al., 2007) comme elle a subit des inondations récurrentes. Troisièmement, c'est une région à haut risque climatique et la plus sensible aux aléas climatiques de l'Algérie. Dans cette perspective, cette étude poursuit les deux objectifs suivants :

–Analyser la succession des périodes pluviométriques sèches et humides. C'est cette succession qui permet de mieux rendre compte de l'intensité et de la fréquence des sècheresses dans la région. De fait, l'objectif est de déterminer si l'occurrence des périodes humides et sèches des précipitations est synchrone dans toute la région durant la deuxième moitié du XXe siècle. Par ailleurs, la connaissance de cette succession des périodes humides et sèches est importante dans le domaine de suivi de la sècheresse et la gestion des ressources en eau, car elle permet de suivre les changements qui affectent les réserves superficielles et souterraines des ressources en eau;

–Comparer l'influence de l'Oscillation Nord Atlantique (*NAO*) à celle des autres indices climatiques sur cette succession de périodes sèches et humides afin de pouvoir prédire éventuellement les périodes sèches et humides à partir de ces modes de variabilité basse fréquence. Étant donné que le nord Algérien est une région très vaste, il est intéressant de déterminer si la corrélation entre les indices et les précipitations est négative (sur certaines sous-régions) ou positive (sur d'autres sous-régions).

5.2 Choix des stations et sources de données

5.2.1 Présentation de la zone d'étude

Situé au nord du continent Africain, le nord d'Algérie (figure 5.1) s'ouvre sur la mer Méditerranée, ce qui lui fait un total d'environ *1200* km de côte. Il se trouve entre 32° 73' 44" et 37° 03' 46" de latitude nord et entre 2° 20' 76" Ouest et 8° 65' 06" Est de longitude, il s'étend sur une superficie de *382000 km²*, soit environ 20 % du territoire national où se trouve localisée la quasi-totalité des populations et des activités. C'est un ensemble constitué par une succession de massifs montagneux, côtiers et sublittoraux et de plaines, composé de deux sous-ensembles (le Tell et les Hautes Plaines steppiques) : le Tell est ordonné en alignements alternés de massifs, de hauteur moyenne, dominés par une dorsale calcaire du Jurassique et du Crétacé où l'on retrouve les monts du Zaccar, de l'Atlas Blidéen, Babors, Hodna, Collo, Skikda, Aurès, les monts des Nememcha, les massifs du Djurdjura (2300 m) et de dépressions représentées par les basses plaines oranaises, la plaine de Chélif et la plaine de Mitidja. Tandis que les Hautes plaines steppiques sont localisées entre l'Atlas Tellien au Nord et l'Atlas Saharien au Sud, à des altitudes comprises entre 900 et 1200 m, parsemées de dépressions salées, chotts ou sebkhas. On distingue deux grands ensembles : i) Les steppes occidentales, qui sont constituées des hautes plaines sud oranaises et sud algéroises, dont l'altitude décroît du djebel Mzi à l'Ouest à la dépression salée du Hodna au Centre ; ii) Les steppes orientales à l'Est du Hodna sont formées par les hautes plaines du sud constantinois.

Soumis à l'influence conjuguée de la mer, du relief et de l'altitude, le climat est de type méditerranéen extratropical tempéré. Il est caractérisé par une

126

longue période de sécheresse estivale variant de 3 à 4 mois sur le littoral et de 5 à 6 mois aux niveaux des Hautes Plaines.

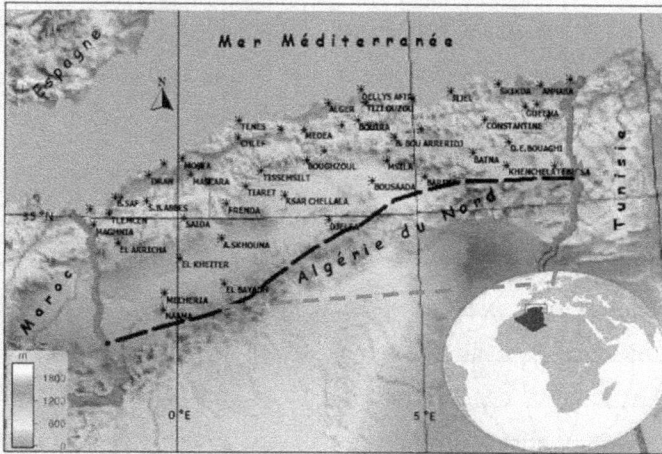

Figure 5.1 : *Région d'étude et localisation des stations pluviométriques sélectionnées.*

La moyenne des températures minimales du mois le plus froid est comprise entre 0 et 9 °C dans les régions littorales et entre -2 et +4 °C dans les régions semi-arides et arides. La moyenne des températures maximales du mois le plus chaud varie avec la continentalité, de 28 °C à 31 °C sur le littoral, de 33 à 38 °C dans les Hautes Plaines steppiques.

5.2.2 Données pluviométriques

La représentativité spatiale et temporelle des points mesures pluviométriques à une influence majeure sur les résultats de toute étude du climat et le suivi de son évolution qui nécessitent de longues et de nombreuses séries d'observations. Ainsi, les données du cumul mensuel pluviométrique des 85 stations d'observation météorologique de l'Office

National de la Météorologie Algérienne (ONM), répertoriées dans la région d'étude, ont été la source de nos analyses et pour lesquelles nous avons effectué une critique systématique de leur qualité et de leur représentativité. L'accent a été mis sur la période des six dernières décennies qui permet d'encadrer au mieux le moment supposé de la fluctuation climatique, à savoir la fin des années 1960 et le début des années 1970 (IPCC, 2007).

Dans notre cas, nous avons essayé de sélectionner un poste de mesures répondant aux conditions suivantes : *i*) information couvrant les six dernières décennies, *ii*) pas plus de 5 années consécutives en lacunes et *iii*) moins de 10% de lacunes sur la série totale à l'échelle mensuelle. Et, afin d'avoir une période de mesure commune la plus longue et pour une bonne répartition spatiale, nous avons procédé au comblement des lacunes en utilisant les techniques de l'analyse de la variance et de la régression linéaire, à l'échelle mensuelle, avec des stations de bases (mesure complète et correcte). En se basant sur ces conditions, le manque d'information se concentre en général durant la période 1961 à 1968.

En conséquence, 53 postes ont été sélectionnés pour l'étude (figure 5.1) et la période 1950–2008 (soit 59 ans) a été retenue. Cette période choisie correspond à une série concordante, sans lacune et suffisamment longue pour être traitée statistiquement, et les 53 stations triées représentes un réseau bien distribué et couvrant convenablement la région d'étude. L'analyse statistique des séries de précipitations annuelles, ainsi que toutes les applications, ont été effectuées sur le cumul des quantités de pluies tombées durant l'année.

5.2.3 Données des indices climatiques

Concernant les indices climatiques, outre l'indice normalisé mensuel de l'Oscillation Nord Atlantique (*NAO*), nous en avons retenu trois autres indices normalisés : celui de l'Oscillation Arctique (*OA*), celui de la température des eaux de surface océanique mesurée dans l'Atlantique Nord et celui de la température des eaux de surface océanique mesurée dans la région Nino3.4. Ces indices sont abondamment décrits dans la littérature. Leur influence sur la variabilité du climat en région Méditerranéenne a été déjà aussi analysée par de nombreux auteurs (Hurrell et al., 2003; Trigo et al., 2006; Ramos et al., 2010; Sterl & Hazeleger, 2005; Wang et al., 2004; Kingston et al., 2006; Dünkeloh & Jacobeit, 2003; Ambaum et al., 2001; Thompson & Wallace, 2001; Wallace, 2000; Zhou et al.,2001; Conte et al., 1989; Palutikof et al., 1996; Palutikof, 2003). Nous n'insisterons pas beaucoup sur leur description (tableau 5.1). Les données des séries standardisées de ces indices ont été tirées des sites internet aux adresses:*http://www.cru.uea.ac.uk/cru/data/moi/-http://www.cpc.ncep.noaa.gov/data/indices/.*

A l'échelle annuelle, nous avons calculé les moyennes annuelles à partir des valeurs mensuelles. Nous avons calculé également deux types de moyennes : les moyennes semestrielles hivernales (octobre à mars) et estivales (avril à septembre).

Tableau 5.1 : *Description sommaire des indices climatiques utilisés.*

Indices	Localisation du phénomène	Mode de calcul des indices	Période
Oscillation Nord Atlantique (*NAO*)	Zone nord-Atlantique extratropicale	Combinaison des dix premières composantes principales avec rotation des anomalies du niveau 500 hPa	1950-2010
Oscillation Arctique (*AO*)	Hémisphère nord extratropicale (20°- 90°N)	Valeurs de la première composante principale du champ de pression 1000 hPa dans l'hémisphère nord	1950-2010
NATL-SST	Atlantique nord (5-20° N, 60-30°W)	Anomalie SST moyennée sur la région	1950-2010
NINO3.4-SST	Pacifique tropical (5°N-5°S, 170-120°W)	Anomalie de la SST moyennée sur la région	1950-2010

129

5.3 Méthodes de traitement de données

L'extension régionale et l'intensité de la variabilité climatique ont été étudiées à l'aide d'un ensemble de méthodes joignant représentations cartographiques et procédures statistiques de détection de ruptures dans les séries chronologiques. L'analyse des corrélations entre les séries lissées standardisées des indices climatiques (groupe des variables indépendantes) et des précipitations mesurées aux stations de références (groupe des variables dépendantes) au moyen de l'analyse des corrélations canoniques.

5.3.1 Régionalisation spatiale des données

Dans un premier temps, comme le nombre de stations sélectionnées dans le nord Algérien est assez important (53 stations), nous avons effectué une régionalisation basée sur la pluviométrie aux échelles mensuelle et annuelle pour la période 1968–2008, afin de définir les zones climatiques et leurs stations de référence représentatives.

La technique utilisée pour la régionalisation est celle de l'analyse en composantes principales avec rotation (Richman, 1986; White et al., 1991), en utilisant *Varimax* comme paramètre de rotation. Le choix du nombre de composantes est basé sur le pourcentage de la variance totale expliquée après rotation. On fait usage de la matrice de corrélation entre chaque composante retenue et l'anomalie pluviométrique de chaque station, la station de référence (étalon) sélectionnée est celle qui a une corrélation maximale supérieure à 0,7 et dont la pluviométrie est la plus proche de celle de la zone correspondante.

L'Analyse en Composante Principale (ACP) est une technique mathématique qui permet de détecter les dépendances statistiques entre un grand nombre de variables quantitatives. Elle sert essentiellement à réduire

130

un système complexe de corrélations en un plus petit nombre, c'est-à-dire de «résumer» les grandes masses de données sous la forme de vecteurs représentatifs (vecteurs propres) montrant la dispersion des individus que l'on peut lier aux influences susceptibles d'expliquer la variabilité du champ étudié. A chaque champ spatial, est associée une chronique temporelle (composante principale) qui reproduit le résumé des variables obtenues par combinaison linéaire et explique un certain pourcentage par rapport à la variance totale.

A la différence de beaucoup de techniques statistiques, l'ACP requiert une connaissance préalable des variables observées pour définir le nombre de facteurs (composantes principales) susceptibles d'être rattachés à un phénomène physique. Des tests statistiques permettent cependant de définir le seuil de manière plus objective (North et al, 1982; Cattel, 1966).

La difficulté à interpréter les axes factoriels étant la principale limite de cette méthode, l'on a souvent recours à un outil supplémentaire qui est la rotation des axes (rotation Varimax). Ainsi, la rotation des axes (en préservant leur orthogonalité) permet de maximiser la variance des corrélations afin de faciliter leur interprétation.

5.3.2 Détection de ruptures et tendances dans une série statistique

Les ruptures dans une série statistique peuvent être inhérentes entre autres par un changement du matériel de mesure, un changement d'emplacement des stations, la modification de l'environnement de la station (mauvais entretien), le changement du personnel de mesure, des erreurs systématiques de transcriptions (lors des saisies), l'évolution de la méthode le calcul d'un paramètre, etc. Une rupture peut-être définie par un changement dans la loi de probabilité des variables aléatoires dont les réalisations successives déterminent les séries chronologiques étudiées. La liste des méthodes de détection de ces ruptures n'est pas exhaustive mais, nous décrivons dans cette section celles qui seront utilisées dans ce travail. Le choix des méthodes retenues repose sur la robustesse de leur fondement et sur les conclusions. Elles permettent de détecter un changement dans la moyenne de la variable traitée dans la série. Ces méthodes ne sont pas toutes adaptées à la recherche de plusieurs ruptures dans la même série.

- *Les moyennes mobiles* : Les moyennes mobiles (ou glissantes) sont utilisées pour analyser une série statistique temporelle en supprimant les fluctuations transitoires, afin de dégager les tendances à long terme. Il s'agit d'une méthode de lissage qui est calculée tour à tour sur chaque sous-ensemble de N valeurs consécutives (N < = n). Il existe différentes moyennes mobiles (simple, arithmétique, exponentielle, triangulaire ou pondérée) qui diffèrent les unes des autres par le poids attribué aux données sur la période considérée. La Moyenne Mobile arithmétique est l'une des plus utilisées car étant la plus simple à calculer. Elle est utilisée comme indicateur de tendance:

$$\overline{x}_n = \frac{1}{N}\sum_{k=0}^{N-1} x_{n-k} \quad ou \quad \overline{x}_n = \overline{x}_{n-1} - \frac{x_{n-N}}{N} + \frac{x_n}{N} \qquad (5.1)$$

La moyenne mobile simple est donc calculée en additionnant les valeurs d'un certain nombre de périodes et ensuite divisées par la somme du total des nombres de valeurs.

- **Le test de Pettitt** : Il s'agit d'un test non paramétrique (qui nécessite peu d'hypothèses) qui permet d'identifier le temps auquel se produit un changement. Sa mise en œuvre suppose que pour tout instant t compris entre 1 et N, les séries chronologiques (X_i) i=1 à t et t+1 à N appartiennent à la même population (Pettitt, 1979). La variable à tester est le maximum en valeur absolue de la variable $U_{t,N}$ définie par :

$$U_{t,N} = \sum_{i=1}^{t} \sum_{j=t+1}^{N} D_{ij} \qquad\qquad (5.2)$$

$$Avec: \quad D_{ij} = \mathrm{sgn}(X_i - X_j) : \begin{cases} \mathrm{sgn}(X) = 1 & si\ X > 0 \\ \mathrm{sgn}(X) = 0 & si\ X = 0 \\ \mathrm{sgn}(X) = -1 & si\ X < 0 \end{cases}$$

L'hypothèse nulle est établie lorsque les X variables suivent une même distribution alors que l'hypothèse alternative suppose qu'à un temps t se produit un changement de distribution. L'absence d'une rupture dans la série (X_i) constitue l'hypothèse nulle. Si l'hypothèse nulle est rejetée, une estimation de la date de rupture est donnée par l'instant t.

En utilisant la théorie des rangs, Pettitt donne la probabilité de dépassement approximative d'une valeur k par :

$$\mathrm{Prob}\ (K_N > k) \approx 2\exp\left(\frac{-6k^2}{(N^3 + N^2)}\right) \qquad\qquad (5.3)$$

Pour un risque d'erreur α, l'hypothèse nulle rejetée si cette probabilité est inférieure à α. Dans ce cas, la série présente une rupture au temps $t = \tau$ définissant K_N.

Toutefois, le test de Pettitt ne détecte que des changements de distribution qui sont accompagnés de changement de position, c'est-à-dire que si au temps t-1, les variables suivent une distribution normale N (0, 1) le test de Pettitt ne détectera pas de changement à t pour la distribution N(0,3) par exemple. Ainsi, le test est plus particulièrement sensible à un changement de moyenne.

• *Le test de Mann-kendall* : Il s'agit d'un test non paramétrique dérivant des travaux de Mann (1945) et Kendall (1975), et qui permet de repérer des tendances dans une série aléatoire. Ce test se base sur l'hypothèse nulle (H_0) que l'on cherche à tester, et qui est l'hypothèse de stationnarité de la série, alors que l'hypothèse alternative (H_1) correspond à son non stationnarité. Sur un échantillon (x_i, $x_2 \ldots \ldots x_n$) de N données indépendantes issues d'une variable aléatoire X dont ont cherche à vérifier la stationnarité. Le test de Mann-kendall (T) se calcule par :

$$T_{t,N} = \sum_{i=1}^{t} \sum_{j=t+1}^{N} (X_j - X_i) \qquad (5.4)$$

Donc, il est question d'étudier le signe de la différence entre la valeur de la variable en j et en i. Sachant que (i < j), les différences :

$$(X_j - X_i) = \begin{cases} 1 & si\ (X_j - X_i) > 0 \\ 0 & si\ (X_j - X_i) = 0 \\ -1 & si\ (X_j - X_i) < 0 \end{cases}$$

Précisément, si la différence du test est positive, les valeurs de la série auront tendance à croître, alors qu'elles décroîtront dans le cas contraire. Sous l'hypothèse nulle (H_0), T est proche de zéro. Cependant, il est nécessaire de calculer la probabilité associée à T et la taille de l'échantillon, afin de quantifier statistiquement l'importance de la tendance. La significativité du test représente la probabilité de détecter une tendance dans la série. Elle est considérée suivant un certain seuil et traduisant que le résultat est statistiquement acceptable avec une erreur $\alpha \leq 5\%$. Dans le cas où le calcul exact n'est pas possible, une approximation normale est utilisée, pour laquelle une correction de continuité est optionnelle mais recommandée.

• **La statistique Buishand** : La statistique de Buishand est dérivée d'une formulation originale donnée par GARDNER (1969). La statistique de Gardner est utilisée pour un test bilatéral de rupture en moyenne à un instant inconnu s'écrit :

$$G = \sum_{k=1}^{N-1} P_k \{S_k / \sigma_x\}^2 \quad avec \quad S_k = \sum_{i=1}^{k} (X_i - \bar{X}) \quad (5.5)$$

P_k Désigne la probabilité à priori que la rupture survienne juste après la k^{ième} observation. Cette formulation suppose que la variance σ_x^2 est connue. Si elle est inconnue, elle peut être remplacée par la variance de l'échantillon D_x^2 et si P_k est choisie uniforme, on obtient finalement la statistique U définie par :

$$U = \sum_{k=1}^{N-1}(S_k/D_x)^2/N(N+1) \quad \text{avec } D_x^2 = \frac{\sum_{i=1}^{N}(X_i - \bar{X})^2}{N} \qquad (5.6)$$

Des valeurs critiques de la statistique U ont été données par BUISHAND (1982, 1984) à partir d'une procédure de Monte Carlo.

Le test de Buishand peut être utilisé pour des variables suivant des distributions quelconques. Néanmoins ses propriétés ont été particulièrement étudiées pour le cas normal. Les hypothèses nulle et alternative sont définies par :

- H_0 : les variables suivent une ou plusieurs distributions ayant une même moyenne;
- H_1 : Il existe un temps t à partir duquel les variables changent de moyenne (test bilatéral);
- H_1 : Il existe un temps t à partir duquel la moyenne des variables diminue de Δ (test unilatéral à gauche);
- H_1 : Il existe un temps t à partir duquel la moyenne des variables augmente de Δ (test unilatéral à droite).

On définit : $S_0^* = 0$, $S_k^* = \sum_{i=1}^{k}(x_i - \hat{\mu})$, $k = 1, 2, ..., T$ et $S_k^{**} = S_k^*/\hat{\sigma}$ la statistique du test (Q) de Buishand est calculée comme suit :

$$Q = \max_{1 \le k \le T} |S_k^{**}| \, , \text{pour le test bilatéral}$$

$$Q^- = \max_{1 \le k \le T} (S_k^{**}) \, , \text{pour le test unilatéral à gouche}$$

$$Q^+ = -\min_{1 \le k \le T}(S_k^{**}) \, , \text{pour le test unilatéral à droite}.$$

• **Test de séquences ou d'arrangement** aléatoire: Ce test est basé sur le nombre total de séquences dans un échantillon de caractères de différentes natures. Une séquence est définit comme la succession d'une de ou plusieurs caractères de même nature qui sont suivis ou précédés par un caractère de nature différente. C'est à dire, une suite d'observations identiques bornées par des observations de type différent. L'échantillon de caractères est dit aléatoire s'il y a absence d'une tendance ou une structure quelconque. Le nombre de séquence permet de refléter l'existence d'une structure.

Considérons une suite ordonnée de N éléments divisée en deux types de caractère : n_1 éléments de type 1 et n_2 éléments de type 2. Cette suite est disposée en R_1 séquences de type1 et R_2 séquences de type 2. Le nombre total de séquences est $R = R_1 + R_2$. L'hypothèse à tester est H_0 : «l'échantillon est aléatoire» contre H_1 : «l'échantillon présente une certaine tendance (structure)».

Sous H_0 avec $n_1, n_2 \leq 10$, la distribution exacte de R est donnée par :

$$P(R=r)_{r=2,N} = \begin{cases} \dfrac{2 \times C_{n_1-1}^{\frac{r}{2}-1} \times C_{n_2-1}^{\frac{r}{2}-1}}{C_n^{n_1}} & si\ r\ est\ pair \\[4mm] \dfrac{C_{n_1-1}^{\frac{r-1}{2}} \times C_{n_2-1}^{\frac{r-3}{2}} + C_{n_1-1}^{\frac{r-3}{2}} \times C_{n_2-1}^{\frac{r-1}{2}}}{C_n^{n_1}} & si\ r\ est\ impair \end{cases} \qquad (5.7)$$

Sous H_0 avec $n_1, n_2 > 10$, une approximation est utilisée et la nouvelle statistique est donnée par :

$$\xi = \frac{R - E(R)}{\sqrt{Var(R)}} \xrightarrow{\ suit\ } la\ loi\ normale\ centrée\ réduite\ N(0,1) \qquad (5.8)$$

Ou; $E(R) = 1 + \dfrac{2*n_1*n_2}{N}$ et $Var(R) = \dfrac{2*n_1*n_2\,(2*n_1*n_2-N)}{N^2(N-1)}$

Dans le cas de notre étude, L'hypothèse à tester est H_0 : «les années pluvieuses se produisent aléatoirement», contre H_1 : «les années se présentent selon une structure».

Une année est considérée comme sèche (S), si pluviométrie est inférieure à la moyenne interannuelle. Elle est considérée comme humide (H), si sa pluviométrie est ≥ à la moyenne interannuelle.

Au risque d'erreur α, on accepte H₀ si :

$$\xi_{Cal} \le \xi_{Théor} = F^{-1}(1 - \frac{\alpha}{2}) \quad avec \ F^{-1} \ est \ la \ fonction \ inverse \ de \ N(0,1)$$

5.3.3 Relation entre les précipitations interannuelles et les indices climatiques

Pour pouvoir étudier l'influence de modes de variabilité basse fréquence (indices climatiques) sur la variabilité interannuelle de la pluviométrie dans le nord Algérien, nous réaliserons deux sortes d'analyse. En premier lieu, une analyse graphique sera faite afin d'avoir une idée préalable sur les relations qui peuvent être existées. La seconde consistera à effectuer une **analyse canonique** qui étudie la corrélation entre les indices climatiques (groupe des variables indépendantes) et les précipitations annuelles mesurées au niveau des stations de référence (groupe des variables dépendantes). En conséquence, l'analyse statistique de données a été effectuée en deux étapes :

La première étape a consisté à lisser les séries pluviométriques et les indices climatiques au moyen de la technique des moyennes glissantes calculées sur cinq ans. En ce qui concerne les précipitations, le lissage a été appliqué aux séries standardisées (centrées et réduites) car les séries des indices climatiques le sont déjà. Cette méthode, suggérée entre autres par Déry *et al.* (2004), poursuit trois objectifs : i) mettre en évidence la succession des périodes sèches et humides; ii) maximiser les valeurs des coefficients de corrélation calculées entre les variables en éliminant les fluctuations annuelles des précipitations qui ont tendance à diminuer les valeurs des coefficients de corrélation; et enfin, iii) pouvoir comparer aisément et simultanément l'intensité des périodes sèches et humides de plusieurs stations (Assani, 1999; Bachari, 2011). Ces trois objectifs ne peuvent pas être atteints par d'autres méthodes comme, entre autres, l'analyse des ondelettes, qui est de plus en plus utilisée (Labat, 2005).

La seconde étape a consisté en l'analyse des corrélations entre les séries lissées standardisées des indices climatiques (groupe des variables indépendantes) et des précipitations mesurées aux stations de références sélectionnées (groupe des variables dépendantes) au moyen de l'analyse des corrélations canoniques. Cette technique présente l'avantage d'analyser simultanément les deux groupes de variables dépendantes et indépendantes. Elle permet de mettre ainsi en évidence les liens entre les variables du même groupe, d'une part, et ceux qui existent entre les variables de deux groupes, d'autre part. De plus, cette méthode permet de maximiser les coefficients de corrélation entre les deux groupes de variables. La méthode de l'analyse canonique des corrélations est exposée dans de nombreux livres de statistiques (Afifi & Clark, 1996). Elle est de plus en plus utilisée en climatologie pour analyser la relation entre les variables (température, précipitations, vents, etc.) et les indices climatiques (Berri & Bertosa, 2004; Haylock & Goodess, 2004; Jain *et al.*, 2005; Lolis *et al.*, 2004).

5.4 Structures spatio-temporelles des précipitations dans le nord Algérien

5.4.1 Régime pluviométrique moyen

Une bonne connaissance de la structure des champs spatio-temporels de précipitations est un préalable à la compréhension des facteurs de leur variabilité. Ainsi, les indices pluviométriques qui représentent la moyenne arithmétique des précipitations observées dans une division climatique sont souvent un bon outil. Et, on obtient ainsi un vecteur synthétique qui présente la tendance pluviométrique de la zone considérée sous forme compacte et facile à prendre en compte dans les applications.

Au nord Algérien, la définition d'un indice pluviométrique s'appuie sur la cohérence spatiale des précipitations suivant la latitude (en relation avec le balancement saisonnier des axes de dépressions atmosphériques aux latitudes moyennes), qui s'illustre comme le principal facteur discriminant de la répartition des pluies. La plupart des études font état du partitionnement du nord Algérien en deux grands ensembles. C'est dans ce contexte que le nord de l'Algérie a été préalablement divisé en deux grands ensembles climatiques. Il s'agit notamment des régions du littoral et celles de l'intérieure. Toutefois, nous sommes conscient du fait qu'une telle généralisation ne prend pas en compte l'influence des états de surface (gradients altimétriques, effets de crêtes, influence du site, distance par rapport à la mer) qui sont susceptibles d'engendrer des processus générateurs de pluie, de manière plus localisée.

Dans les régions du littoral, les cycles annuels présentent des profils assez semblables avec un seul mode (figure 5.2-a). La saison des pluies s'échelonne entre les mois de septembre et mai avec un maximum en décembre (~118 mm). En revanche, les mois de juin, juillet et août présentent des précipitations quasiment nulles. L'hiver est la saison la plus humide et contribue d'environ 50% dans la pluviométrie annuelle. Le mois de décembre représente 39 % du cumul annuel, suivi par le mois de janvier avec 33 %. La pluviométrie mensuelle dans le littoral Algérien est nettement marquée par un gradient est-ouest et un gradient nord-sud, moins visible (figure 5.2-a). En effet, au littoral oriental, le cumul mensuel des pluies dépasse, dans certains cas, les 300 mm et diminue en allant vers le sud jusqu'à des valeurs de l'ordre de 50 mm. Ces gradients pluviométriques peuvent être expliqués par les champs d'humidité et de divergence du vent.

Dans les régions intérieures du nord Algérien, les cycles annuels ont relativement la même allure globale que ceux du littoral : la saison pluvieuse est de 9 mois (septembre à mai) et la saison sèche est de 3 mois (juin, juillet et août). Par contre, le profil pluviométrique présente deux à trois maxima (figure 5.2-b), en septembre (~44 mm), en novembre-décembre (~48 mm) et en mars-avril-mai (~45 mm). Les gradients pluviométriques est-ouest et nord-sud ne sont pas assez marqués visibles.

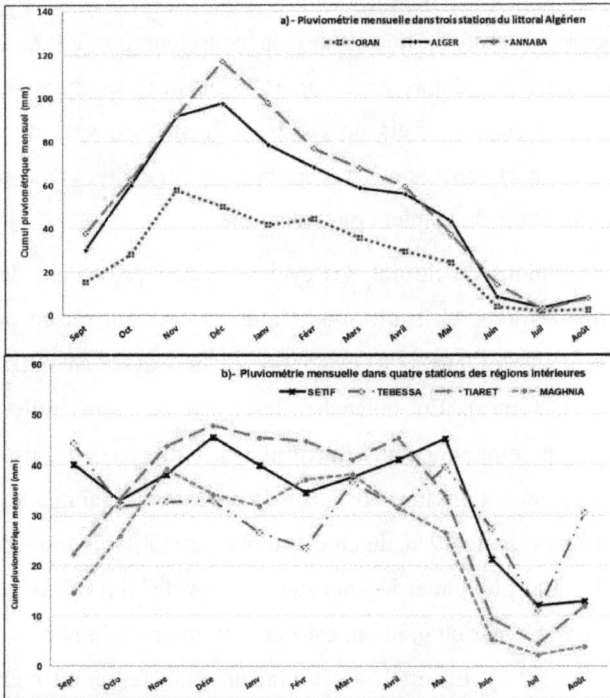

Figure 5.2 : *Cycles annuels (1950–2008) de précipitations dans le nord Algérien. a)- zones du littoral (3 station); b)- zones de l'intérieur (4 stations).*

140

Par ailleurs, ces régimes pluviométriques (bimodaux et tri–modaux) en vigueur aux régions intérieures du nord algérien sont probablement en relation avec les fluctuations saisonnières des pluies, avec la latitude, avec la longitude et avec l'altitude de la région étudiée.

Les caractéristiques des précipitations mensuelles montrent plusieurs situations typiques et différentes spécificités régionales du nord d'Algérie (figure 5.3), notamment une pluviométrie fortement aléatoire. En effet, le cumul mensuel moyen, à l'échelle des zones côtières et proches des côtes orientales et centrales, varie entre 70 et 100 mm (figure 5.3-a). Les quantités les plus élevées sont enregistrées dans la région côtière Bejaia, Jijel et Skikda. Au sud de ces zones, la pluviométrie mensuelle diminue pour atteindre des quantités inférieures à 50 mm. En revanche, et d'une manière relativement homogène, toutes les zones occidentales (côtières et intérieures) du nord Algérien possèdent les plus faibles cumuls mensuels (figure 5.3-a).

Dans le nord d'Algérie, l'amplitude des variations pluviométriques (écart-type, figure 5.3-b) est très importante en comparaison aux ordres de grandeurs des cumuls mensuels des précipitations. En plus, la variation inter-mensuelle de la pluviométrie est également très importante par rapport à leur moyenne (coefficient de variation élevé, figure 5.3-c). La variabilité s'amplifie dans un sens opposé par rapport aux cumuls pluviométriques mensuels. En effet, elle est plus forte dans les régions de l'intérieur et du littoral ouest que celle des régions côtières orientales et centrales. Par ailleurs, les cumuls les plus élevés sont observées à Jijel, en hiver. Alors que, les plus faibles sont enregistrés au niveau des stations de : Barika, M'sila et Djelfa. La pluviométrie hivernale moyenne à Annaba est 4 fois plus importante que celle de Ghazaouet, tandis que le rapport entre

Alger et M'Sila est de 4 fois. Ceci, met en évidence les forts gradients pluviométriques est-ouest et nord-sud.

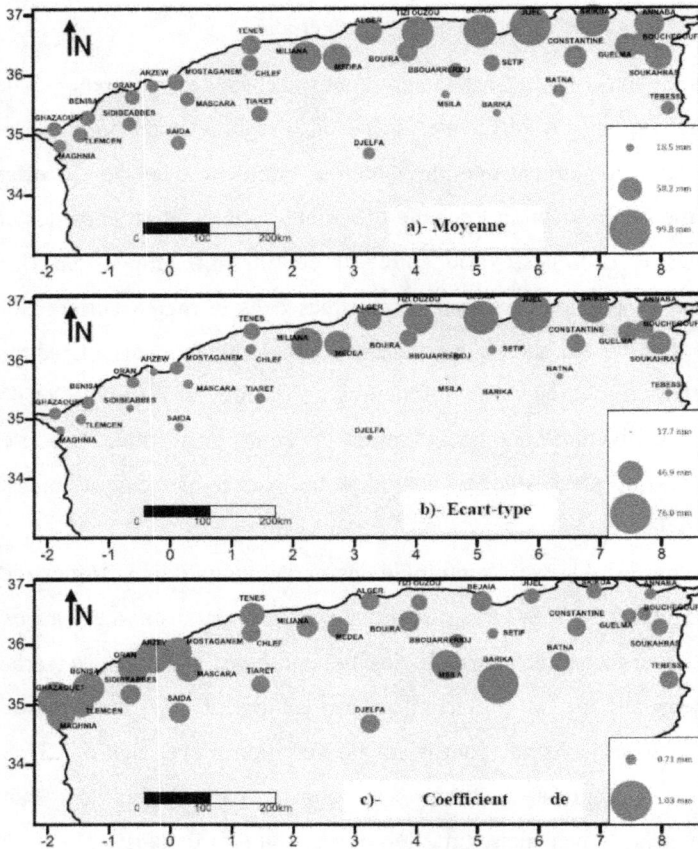

Figure 5.3 : *Caractéristiques statistiques de la pluviométrie mensuelle au nord d'Algérie.*

Cependant, ce prérequis sur le régime pluviométrique moyen et sa variabilité intra-annuelle nous permettra de mieux envisager une régionalisation plus détaillée à partir des données in situ.

5.4.2 Régions pluviométriques et leurs stations de référence

Dans le but de mettre en relief les régions cohérentes du point de vue pluviométrie interannuelle au nord Algérien, une ACP avec rotation a été appliquée. Nous avons pris en compte exclusivement les 53 stations qui présentaient les données complètes sur la période 1968-2008.

Cette analyse nous a permis de retenir six composantes principales. Ces composantes représentant 76.4 % de la variance totale. Ainsi, ils expliquent plus de 76% de l'information totale (variance expliquée) du réseau pluviométrique, ce qui réduirait la perte d'information (variance inexpliquée) à 23.6% (tableau 5.2). Dans chaque sous-région ainsi obtenue, les groupes de stations ayant un comportement semblable concernant la pluviométrie annuelle ainsi que sa variabilité interannuelle.

Le maximum de corrélation entre la pluviométrie des stations appartenant à chacune des six régions et la composante correspondante nous a permis de sélectionner les six stations de référence (tableau 5.2). Chacune des six stations "étalon" possède la pluviométrie annuelle la plus proche de celle de la région correspondante. En plus, elle possède la série de données la plus complète et la plus fiable. En conséquence, les cumuls et les anomalies pluviométriques annuels de ces six stations de référence seront utilisés dans la suite du travail.

Ces résultats devraient toutefois être relativisés dans la mesure où une corrélation spatiale est étroitement associée à la forme du domaine géographique. En effet, la distribution géographique des stations attribuées à une composante principale n'est pas aléatoire car celles-ci sont groupées ensemble géographiquement (proches voisins).

Tableau 5.2 : *Résultats de la régionalisation de la pluviométrie interannuelle dans le nord de l'Algérie. Les valeurs entre parenthèses dans la troisième colonne représentent le nombre de stations significativement corrélées (au seuil de 5%). Les valeurs entre parenthèses dans la dernière colonne représentent la corrélation maximale entre la pluviométrie de la station de référence dans chaque région et la composante correspondante.*

Composante	Région correspondante	Nombre de stations	% de variance expliquée après rotation	Station de référence
01	Côtière Est	10 (6)	41.1 %	Annaba (0.89)
02	Côtière Centre	09 (5)	54.8 %	Alger (0.78)
03	Côtière Ouest	11 (7)	62.8 %	Oran (0.88)
04	Intérieure Centre	06 (6)	67.9 %	Djelfa (0.74)
05	Intérieure Est	10 (7)	72.6 %	Setif (0.77)
06	Intérieure Ouest	07 (5)	76.4 %	Maghnia (0.79)

Mais il peut arriver que certaines stations soient détectées soit parce qu'elles sont reliées par une composante différente de celle qui caractérise la région où elles se situent, soit parce que leur coefficient de corrélation avec une composante autre que celle qui caractérise la région est relativement important. Ainsi, l'inégale distribution du réseau de stations est susceptible d'engendrer des biais, surtout dans le littoral du pays où les stations sont plus regroupées. De plus, notre objectif étant de travailler sur un champ pluviométrique moyen, le partitionnement de la zone d'étude en six sous-ensembles homogènes nous semble raisonnable pour mieux saisir ses particularités pluviométriques, en utilisant un poste étalon. La prise en compte des données régulièrement distribuées permettra de mieux juger de leur pertinence pour la régionalisation des précipitations en Algérie.

5.4.3 Variabilité interannuelle des précipitations

De nombreuses interrogations peuvent être posées quant aux causes, aux conséquences, voire à l'existence d'une variabilité de la pluviométrie dans le nord de l'Algérie. La première question concerne un éventuel changement de la pluviométrie annuelle. Il est délicat d'avancer une tendance générale depuis 1950 même si la répartition annuelle des précipitations depuis 2000 a été particulièrement irrégulière d'une année à l'autre. Cependant, quelques indices laissent supposer que l'évaluation de certaines tendances est significative.

a) Variabilité

La figure 5.4 représente d'une façon simple et efficace les renseignements sur les caractères et les spécificités régionaux de la pluviométrie interannuelle. Dans chacune des stations de référence des six domaines obtenus lors de la régionalisation, le rapport entre l'année la plus humide et l'année la plus sèche est supérieur à 14 et le coefficient de variation qui représente la variabilité relative, dépasse les 20 %. La moyenne annuelle des totaux précipités varie entre 214 mm au sud (M'sila) et 668 mm au nord (Alger).

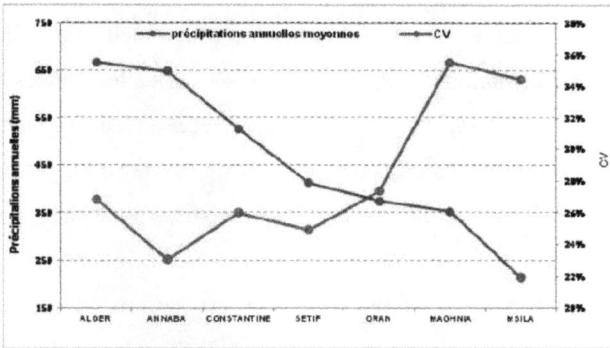

Figure 5.4 : *Caractéristiques statistiques de la pluviométrie annuelles au nord d'Algérie.*

La figure 5.4 montre clairement une forte variabilité interannuelle des pluies dans sa dimension spatiale. Dans les régions de l'Est, Le coefficient

145

de variation bascule de 23 % au nord (Annaba) à 36 % dans le sud (M'sila). Dans les régions intérieures d'Ouest et du Centre intérieures, la variabilité interannuelle est la plus importante ($C_V \geq 34\%$). Par contre, cette variabilité est relativement plus faible dans les zones côtières (20 à 27%). Les cumuls annuels diminuent d'Est en Ouest. Ils chutent considérablement au sud des zones côtières. Ainsi, la pluviométrie annuelle s'amplifie du sud au nord et d'Ouest à l'Est. Le littoral et les zones montagneuses qui lui sont proche reçoivent les pluies les plus importantes. Les régions intérieures reçoivent moins de pluies du fait de l'appauvrissement des masses nuageuses de leurs humidités au fur et à mesure qu'elle se dirige vers l'intérieur.

Les courbes d'évolution des séries chronologiques des cumuls annuels des précipitations, doublées de la courbe de tendance linéaire (dont la signification est discutable à cause des données très dispersées) et celle de la moyenne mobile calculée sur 5 ans (pour lisser les valeurs), permettent d'identifier le caractère fortement aléatoire de la pluie (figure 5.5).

Il ressort de cette figure une variabilité pluviométrique interannuelle basée sur les fluctuations entre les années sèches et les années humides. Grace à cette succession d'années déficitaires et d'années excédentaires, il est mis en exergue des périodes de hausse et de baisse continue de la pluie. Il est également constaté que les périodes de baisse sont plus continues et soutenues que les périodes de hausse. En outre, la courbe de tendance linéaire représentant les cumuls annuels est partout décroissante sur l'ensemble des stations de mesures (figure 5.5). Très accentuée au niveau de certaines stations comme Oran et Maghnia, en revanche, l'inclinaison de la courbe est relativement très faible voire nulle à Annaba.

Il résulte également de cette analyse sur l'alternance d'années sèches et d'années humides, une exceptionnelle année 1983 qui symbolise les années les plus sèches dans le nord d'Algérie, exception faite pour Annaba où l'année la plus sèche est 1961 (figure 5.5). Cette situation particulière caractérise le déficit pluviométrique causé par une persistance de la sécheresse depuis 1976 pour la majorité des régions.

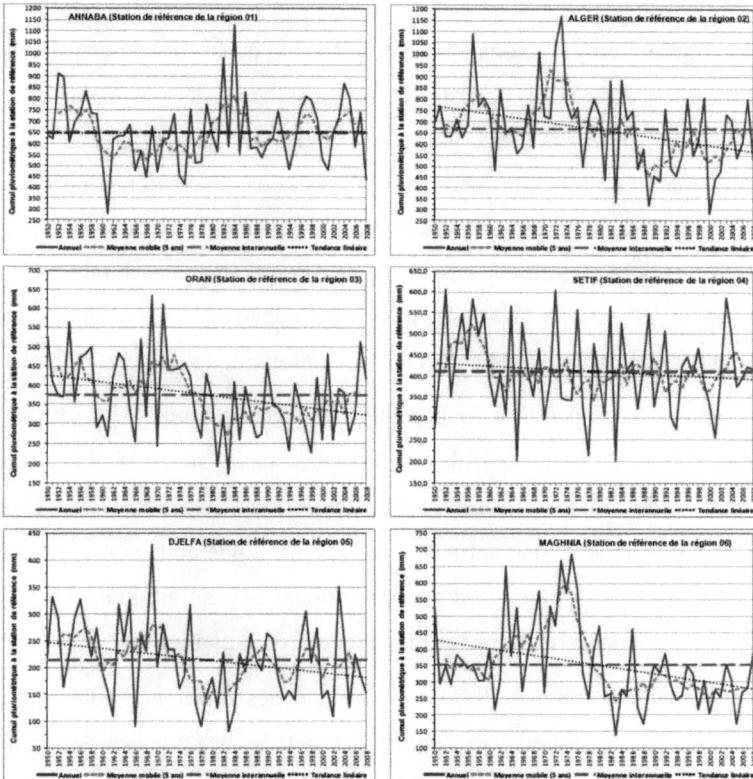

Figure 5.5 : *Variations interannuelles de la pluviométrie au nord Algérien (1950-2005).*

En dehors du littoral Est représenté par la station de Annaba, toutes les régions pluviométriques du nord Algérie présentent quasiment les mêmes tendances tout au long de la période : c'est-à dire, d'une part,

147

essentiellement des cumuls supérieurs à la normal en début de la période et d'autre part des cumuls inférieurs à partir de la fin de la décennie 1970, et de manière plus marquée au début de la décennie 1980. En effet, le déficit pluviométrique le plus sévère en intensité et en fréquence subsiste depuis cette décennie.

La figure 5.5 montre également que, pour la quasi-totalité des stations, le caractère déficitaire persiste et se prolonge sur plusieurs années successives. Entre ces deux grandes sécheresses, la pluviométrie a été généralement normale ou excédentaire. Les déficits exceptionnels "record" ont été enregistrés durant les années 1983, avec une baisse de -43,4% par rapport à la normale, de -37,7 % et -33,4 % respectivement durant 1961 et 2000 et de -27,3 % en 1994. Ces anomalies négatives ont été enregistrées principalement par les stations de Djelfa, de Maghnia, d'Alger et d'Oran.

L'analyse des écarts à la normale des cumuls annuels sur toute la période (59 ans), montre que plus de 50% des années sont déficitaires pour l'ensemble des stations de référence dans le nord Algérien. Ces déficits varient d'une année à une autre et d'une station à une autre. En effet, pour certaines stations, le nombre d'années déficitaires peut atteindre les 60%, ce qui laisse apparaitre un manque notable des précipitations.

A l'échelle intra-annuelle, on a constaté des différences d'évolution entre les pluies mensuelles des années les plus sèches à celles des années les plus humides comme le montre l'évolution intra-annuelle des stations de référence (figure 5.6). En comparant la variation des pluies moyennes mensuelles de la série à celles de l'année la plus sèche et à celle de l'année la plus humide, pour chacune des stations étalon, il apparait très clairement, un écart pluviométrique important (figure 5.6).

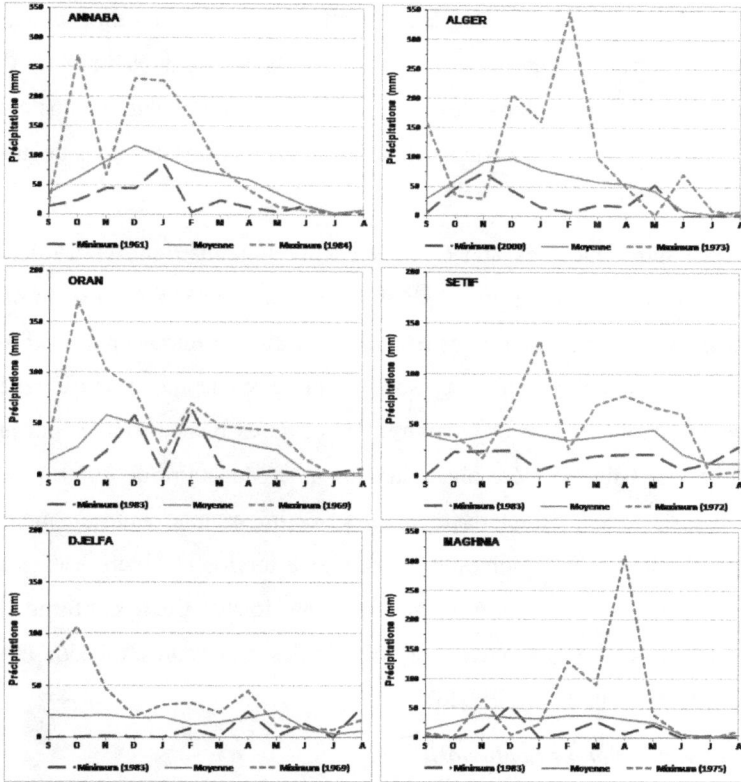

Figure 5.6 : *Variation de la pluie moyenne mensuelle (1950-2008) comparée à la situation de l'année la plus humide et de l'année la plus sèche aux six stations de référence (Annaba, Alger, Oran, Setif, Djelfa et Maghnia).*

Pendant les années les plus humides comparées aux années les plus sèches, les pluies connait une durée plus longue caractérisée par un démarrage au mois d'octobre (apports pluviométriques significatifs en octobre) et une fin en mai, mais surtout, l'essentiel de la pluviométrie concentrée pendant novembre à mars (figure 5.6). Cette situation implique que les sécheresses, dans le nord Algérien, se caractérisent donc par une perturbation sur plusieurs années de la variation intra-annuelle normale des pluies mensuelles, notamment une forte baisse des précipitations durant janvier à mars. En plus, le décalage des pluies vers le début du printemps. La pluviométrie d'hiver au nord Algérien qui bénéficie de la structure dite "penchant de l'anticyclone des Açores vers les sud" subit la plus forte baisse de pluviosité, alors que les distributions des pluies des mois de juin à août restent inchangées.

Ainsi,après quelques années d'excédent pluviométrique et un déficit pendant les années 60 et 70, la pluviométrie dans les régions Est du nord Algérie enregistre ces dernières décennies un timide retour progressif à la normale, ponctué par des épisodes pluvieux depuis l'année 1980. Cependant, dans l'ouest et le centre, deux phases bien distinctes ont étés enregistrées. Une première phase largement excédentaire de 1950 à 1978 puis une deuxième caractérisée par une très importante chute du module pluviométrique. Ces régions ont connues une longue et sévère sécheresse météorologique qui continue jusqu'à nos jours. Ceci confirme les conclusions auxquelles ont abouti des études antérieures (Meddi et al, 2000; Meddi et al, 2002a, 2002b).

b) Distribution de la pluviosité

L'analyse statistique des cumuls pluviométriques annuels sur la base de la méthode des quintiles, en considérant une période de retour égale à 2.5 ans pour une année sèche et 5 ans pour une année très sèche, nous a permis d'évaluer efficacement les caractères de la distribution de la pluviosité interannuelle dans le nord d'Algérie. Ce choix repose surtout sur la simplicité d'utilisation mais également sur l'efficacité de produire des résultats.

Comme que cette méthode tient compte de la loi de distribution de l'échantillon, la vérification de la normalité de nos séries et l'ajustement par rapport à la loi normale ont été réalisées auparavant. Cette méthode nous a permis de déterminer la sévérité du déficit ou d'excédent pluviométrique selon différentes classes : les années dont la fréquence est inférieure à 0.35 correspondent aux années sèches (parmi lesquelles on peut distinguer les années très sèches, de fréquence inférieure à 0.15); les années dont la fréquence est comprise entre 0.35 et 0.65 sont considérées comme années normales et les années dont la fréquence dépasse 0.65 correspondent aux années humides (celles dont la fréquence est supérieure à 0.85 sont considérées comme des années très humides) (tableau 5.3).

Les cumuls pluviométriques enregistrés au niveau des six stations de référence, à travers les quintiles de précipitations, caractérisent une situation majoritairement dominée par une pluviométrie normale et dans une moindre mesure une sécheresse modérée et/ou une sécheresse forte (tableau 5.4). Toutes les stations ont globalement 21 % environ d'années de sécheresse modérée, et le plus fort taux est à 28 % à Maghnia. La fréquence des sécheresses extrêmes est presque du même ordre que celle de la classe de l'humidité extrême.

Tableau 5.3 : *Classification du déficit et d'excès pluviométrique selon le seuil obtenu par la méthode des quintiles pour chaque station de référence sur la période 1950-2008.*

Classe Station	Année très sèche (*TS*)	Année sèche (*S*)	Année normale (*N*)	Année humide (*H*)	Année très humide (*TH*)
ANNABA	≤ 493,8 mm	≤ 580,8 mm	580,8 < X < 697,9	≥ 697,9 mm	≥ 806,7 mm
SETIF	≤ 304 mm	≤ 365,9 mm	365,9 < X < 423,8	≥ 447,7 mm	≥ 522,2 mm
ALGER	≤ 480 mm	≤ 586,7 mm	586,7 < X < 728,5	≥ 728,5 mm	≥ 858,3 mm
DJELFA	≤ 137,6 mm	≤ 180,7 mm	180,7 < X < 238,8	≥ 238,8 mm	≥ 292,2 mm
ORAN	≤ 268 mm	≤ 328,2 mm	328,2 < X < 408,5	≥ 408,5 mm	≥ 482,2 mm
MAGHNIA	≤ 232 mm	≤ 290,4 mm	290,4< X < 380,3	≥ 380,3 mm	≥ 476,1mm

Il apparaît aussi par le biais de ces seuils, en rapport avec les années, un caractère répété des années de sécheresse, soit modérée, soit forte. En effet, les années 1980 sont particulièrement concernées par cette situation de déficit pluviométrique annuelle qui a commencé dès 1976.

Il apparaît néanmoins plus d'années d'humidité extrême que de sécheresse extrême dans les régions intérieures, l'inverse se produit dans les régions du littoral Algérien (tableau 5.4). Ce constat d'ensemble indiquerait t-il que les grandes crises climatiques que le nord Algérien a connues jusqu'à maintenant seraient le résultat de plus d'années de sécheresse modérée et forte que d'années de sécheresse extrême? En outre, les classes d'humidité forte et d'humidité modérée regroupent un nombre d'années proportionnellement conséquent, plus de 19 sur une série de 53 que compte chaque station de référence.

Durant la période 1976–2008, les séquences sèches et très sèches ont devenues plus importantes pour les régions du centre et celles d'ouest : à Alger des séquences de 3 années consécutive ont étés enregistrées en 1989-1991, en 2000-2002 et en 1993-1995. Oran a subie des séquences sèches plus longues. Maghnia n'a enregistré aucune année très humide durant cette période. Cependant, dans les régions de l'Est les périodes sèches ont été moins importantes que celles de la classe normale. Cette persistance de la sécheresse, sur plusieurs années, a provoqué de grands déséquilibres tant sur le plan écologique que sur le plan économique. Une suite de deux années ou plus de sécheresse forte voire même de sécheresse modérée est plus dramatique et catastrophiquement sévère pour l'agriculteur et le berger qu'une année isolée de sécheresse extrême.

En revanche, les pluies annuelles au nord d'Algérie ont été marquées par des excédents pluviométriques durant les années 1950 avec quelques années sèches dispersées au début et à la fin de cette décennie. En effet, à Maghnia on n'a enregistré aucune année sèche durant cette décennie. La période 1960-1975 a été la plus excédentaire pour les régions ouest notamment, la station de Maghnia a enregistré 8 années très humides dont 4 consécutives de 1971 à 1976. Alors que la station d'Oran a enregistré 7 années humides durant cette même période.

Tableau 5.4 : *Fréquence des années selon la classe des quintiles sur la période 1950–2008.*

Station	Années très sèches (TS)	Années sèches (S)	Année normales (N)	Années humides (H)	Année très humide (TH)	Nombre d'années total
ANNABA	9	9	20	13	8	53
SETIF	8	12	20	7	12	53
ALGER	10	10	17	16	6	53
DJELFA	9	10	19	12	9	53
ORAN	12	11	12	16	8	53
MAGHNIA	7	15	18	10	9	53

En fin, les résultats obtenus à l'aide de cette méthode (quintiles) nous ont permis de clarifier la répartition des années déficitaires et excédentaires ainsi que leurs persistances durant différentes périodes, depuis 1950 à 2008 au nord Algérien. L'ouest et le centre ont été les plus touchées par le stress pluviométrique. Le niveau pluviométrique à l'Est est faiblement affecté par la sécheresse météorologique durant la dernière décennie.

A l'échelle temporelle, l'indice standardisé de précipitations annuelles (variable centrée réduite) (*SPI : Standardized Precipitation Index*), indiquant le caractère toujours irrégulier de la pluviométrie, met néanmoins en exergue des épisodes humides et des épisodes secs (figure 5.7). Pour l'ensemble des stations des régions centrales et occidentales de nord Algérien, les séquences sèches sont significativement plus longues que les séquences humides (figure 5.7). Pour ces régions, on constate globalement des décennies 1950 et 1960 plus humides que les décennies 1970 et 1980 qui restent très sèches comme l'attestent les stations d'Alger, Oran et

Maghnia. Cette situation est inversée concernant les régions orientales du nord Algérien. Ajoutée à ces situations quasi nettes, une amélioration sensible des pluies au cours des années 1990 et 2000 sur l'ensemble du nord Algérien.

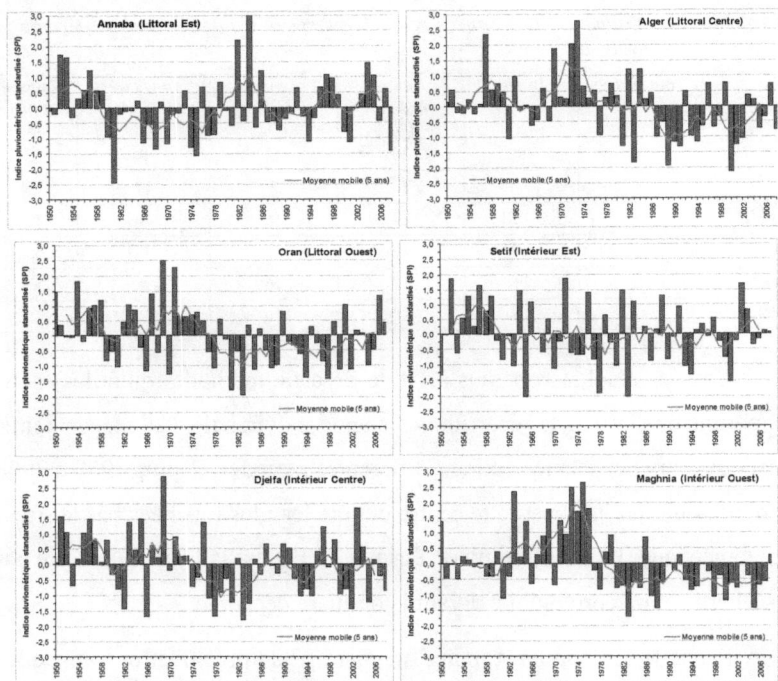

Figure 5.7: *Evolution de l'indice de précipitations annuelles au nord Algérien (1950–2008)*

Il ressort dans l'ensemble que les anomalies pluviométriques annuelles fluctuent entre -2.5 et 3 (figure 5.7). En dehors du littoral Est, tous les domaines pluviométriques du nord de l'Algérie présentent quasiment les mêmes tendances tout au long de la période : c'est-à-dire, d'une part, essentiellement des anomalies positives en début de période et d'autre part des anomalies négatives après l'année 1978, et de manière plus marquée (>

-1.5) au début de la décennie 1980 (figure 5.7). Toutefois, ces tendances moyennes — qui sont d'ailleurs quasi généralisées sur l'ensemble de l'Algérie — présentent néanmoins quelques nuances : i)- il n'est pas rare de compter quelques années excédentaires au cours de la deuxième moitié de la décennie 1980, et ce essentiellement dans les régions intérieures; ii)- si le littoral central est marqué essentiellement par des anomalies négatives dans la période post -1980, l'on y compte cependant six années excédentaires (bien que de faibles amplitudes) après 1992 (figure 5.7).

Le nord-ouest Algérien présente des anomalies atypiques, à l'image de la distribution interannuelle des précipitations, c'est-à-dire une succession d'anomalies positives et négatives au cours de la décennie 50, les décennies 60 et 70 essentiellement excédentaire (~1), le début des années 80 très déficitaire (<-1.5), le reste de la période particulièrement déficitaire (-0.5). C'est avec ces indices pluviométriques que s'appuieront les prochaines analyses de détection de relations entre la pluviométrie interannuelle et les modes de variabilité basse fréquence.

c) Stationnarité et tendances

Une première analyse, concernant l'organisation dans le temps, des séries chronologiques de la pluviométrie à l'échelle annuelle des six stations retenues montre que : i)- en appliquant le test de séquences, l'hypothèse nulle qui traduise le caractère aléatoire de la pluviométrie annuelle est acceptée au seuil de signification de 5% ainsi qu'au seuil de 1% pour l'ensemble des stations. Ceci confirme donc le caractère aléatoire et la présence d'une variabilité interannuelle des précipitations; ii)- en appliquant le test de tendance de Mann-Kendall au seuil de signification de 5%, un effet de tendance entre les valeurs successives des séries chronologiques aux stations des régions d'ouest et du centre. Par contre, aux stations des régions de l'Est, l'hypothèse nulle qui est la stationnarité des séries chronologiques a été acceptée, même avec un risque d'erreur de 10%. Toutefois, l'hypothèse nulle est acceptée pour l'ensemble des stations au seuil de signification de 1%. Ainsi, les séries de précipitations annuelles sont purement aléatoires (hasard).

Les résultats de l'application des tests de détection des ruptures (Pettitt et Buishand) dans les séries chronologiques de la pluviométrie annuelle montrent que 2 parmi les six stations étudiées connaissent chacune trois ruptures non significatives produisant quatre périodes relativement stationnaires mais inégalement réparties. C'est le cas d'Annaba en 1959-1960, 1977-1978 et 1994-1995, Setif en 1962-1963, 1977-1978 et 1993-1994. Un tel découpage pose problèmes dans la mesure où une période de deux ou trois années seulement serait chronologiquement très courte et ne pourrait, en aucune manière, sur le plan statistique, être comparée à une période d'une durée de 10 ans par exemple. De ce fait, les postes pluviométriques n'enregistrent qu'une seule rupture et mettent en évidence deux périodes relativement d'égale durée, en terme de nombre d'années (tableau 5.5).

Il apparait, à travers ce tableau, une variabilité spatiale et temporelle des dates de ruptures à l'échelle du nord Algérien. L'irrégularité des cumuls pluviométriques et la dispersion des dates de ruptures positives ou négatives montrent d'une manière générale deux cas de figure. La catégorie des stations caractérisées par une rupture positive (non significative) dans les années 1990. Les dernières décennies 1990 et 2000 sont moins déficitaires que la décennie 1980. Cela concerne deux stations parmi les six étudiées. Il s'agit de Annaba au littoral Est et Setif dans l'intérieur Est. La deuxième catégorie recense les stations qui ont enregistré une rupture négative. Pour le reste des stations (Alger, Djelfa, Oran et Maghnia), des décennies 1960 et 1970 plus excédentaires que celles de 1980, 1990 et de 2000. Cependant, le test de Pettitt exclue toute tentative de détermination précise de la date de des cassures à un moment ou à un autre. Par contre, avec le test de Buishand une date de rupture est estimée, dans le cas où l'hypothèse nulle est acceptée.

Tableau 5.5 : *changement des totaux pluviométriques moyens et dates de rupture*

Stations	Nombre de ruptures	Les ruptures	Moyenne avant la rupture (μ_1 en mm)	Moyenne après la rupture (μ_2 en mm)	Nature de la tendance
Annaba	1	1994-1995			positive
Setif	1	1993-1994			positive
Alger	1	1980-1981	741.6	586.7	(-154.9 mm) négative
Djelfa	1	1976-1977	243.9	189.5	(-54.4 mm) négative
Oran	1	1976-1977	423.1	333.3	(-89.8 mm) négative
Maghnia	1	1980-1981	416.6	281.8	(-134.8 mm) négative

En conséquence, au niveau des régions centrales et occidentales du nord Algérien, la rupture s'est produite significativement entre la fin de la décennie 1970 et le début des années 1980 (figure 5.8) et la baisse du module pluviométrique annuel est devenue une réalité, globalement depuis 1978.

Nous notons ici que les tests de Pettitt et de Buishand ont été conçus pour détecter des ruptures significatives d'un point de vue instrumental. Toutefois, dans le cas présent, l'analyse de l'historique de chacune des stations ne montre aucune corrélation avec un éventuel changement de poste ou d'instrument de mesure. Les deux ruptures sont d'ordre climatique.

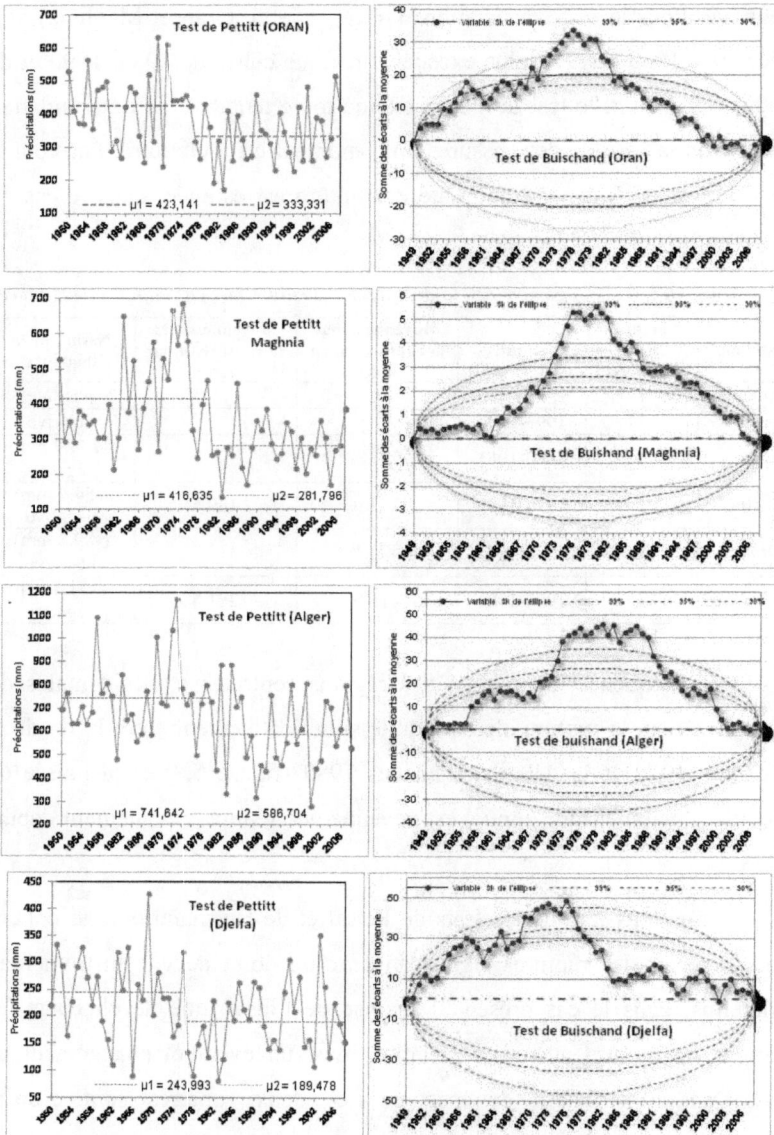

Figure 5.8 : *Répartition des ruptures pluviométriques dans les régions ouest et centre du nord Algérien.*

En fin, l'analyse de la série (1950-2008) des cumuls annuels de la pluie de la région du nord de l'Algérie montre une alternance de ruptures positives (2) et de ruptures négatives (4). Plusieurs «cassures» à l'échelle de la zone d'étude sont visibles au cours de ces dernières années. Ces résultats permettent d'émettre des hypothèses sur le commencement d'une nouvelle phase climatique caractérisée par une amélioration des quantités de pluie tombées depuis la fin de la décennie 1990 jusqu'à présent par rapport à la période allant du fin des années 70 au début des années 90. Cependant, il est tôt pour parler de tournant pluviométrique décisif, d'une phase sèche vers une phase plus humide même s'il faut néanmoins reconnaître une diminution de la pluviométrie dans les années 1980. La pluviométrie de la dernière décennie est encore loin des niveaux optimaux précédents (période des années 50).

Si on tient compte des six stations de référence, on peut distinguer globalement un changement autour de 1978. Premièrement, il affecte la répartition des précipitations dans le nord Algérien. En effet, avant 1978, la succession des périodes sèches et humides n'y est pas synchrone. Il existe donc une opposition dans la succession de ces périodes. Cette opposition est surtout évidente entre la station d'Annaba et les autres stations, notamment la station d'Oran (figure 5.7), c'est-à-dire selon l'axe Est-ouest. La période sèche à Annaba correspond à la période humide à Oran et *vice versa*. Après 1950, la succession de ces périodes sèches et humides devient relativement synchrone aux six stations, en particulier celles du littoral.

Deuxièmement, il correspond à un changement des totaux pluviométriques dans les six stations. Dans le cas de la station d'Annaba, avant 1978, les précipitations étaient déficitaires alors qu'elles sont devenues excédentaires après cette date. Ce fut l'inverse à la station d'Oran. Après 1978, une sécheresse a sévi dans tout le nord Algérien. Toutefois, une amélioration relative des quantités de pluie est observée depuis le début de la décennie 2000.

Nous allons maintenant analyser les indices climatiques susceptibles de rendre compte de ce changement qui affecte la variabilité interannuelle des précipitations dans le nord de l'Algérie.

5.5 Relation entre les précipitations annuelles et les indices climatiques

En utilisant les indices standardisés et lissés de la pluviométrie annuelle (*SPI*) aux six stations de référence sélectionnées avec les indices climatiques, également standardisés et lissés, l'étude de l'influence de ces derniers sur la variabilité pluviométrique dans le nord Algérien, pendant la période 1950-2008, a été réalisée en appliquant consécutivement deux d'analyse. La première, une analyse comparative entre l'évolution des indices climatiques avec celle des anomalies de la pluviométrie interannuelle à chacune des six stations de référence pour détecter, au préalable, des relations qui peuvent être existées. La seconde consiste en une analyse canonique qui étudie la corrélation entre les indices climatiques (groupe des variables indépendantes) et les indices standardisés des précipitations annuelles mesurées au niveau des six stations de référence (groupe des variables dépendantes).

5.5.1 Comparaison de la variabilité interannuelle des indices climatiques avec celle des indices pluviométriques standardisés

L'évolution des indices climatiques annuels (figure 5.9) montre que les indices d'Oscillation Arctique (OA) et d'Oscillation Nord Atlantique (NAO), quantifiant une anomalie de pression aux niveaux de l'atmosphère moyenne (500 hPa) et de la mer, présentent des profils relativement identiques. La période 1950-1969 est dominée par des phases négatives des deux indices (OA et ONA) dont le maximum absolu est atteint en 1960 pour l'OA (-0,96) et en 1968 pour le NAO (-0.94). Durant la période 1982-1994, les anomalies positives sont plus fréquentes et plus importantes avec un maximum absolu en 1989-1990 (1.02 et 0.7). Tandis que, les deux indices ayant rapport avec l'anomalie thermique en surface dans les régions de Nino 3.4 et du nord Atlantique (Nino 3.4 et NATL) présentent une alternance de phases négatives et positives avec des épisodes de 2 à 8 ans plus régulières. Les anomalies négatives sont plus fréquentes avant 1976. Alors que, les anomalies positives sont devenues dominantes après 1977 avec un accroissement assez net à partir de 1996.

Une comparaison de la variation interannuelle des phases positives et négatives de ces indices (figure 5.9) avec celle des indices pluviométriques des six stations de références (figures 5.7) nous a permis de constater, en général, que :

– Les phases des indices climatiques évoluent dans un sens inverse par rapport à celles de la pluviométrique à l'échelle du nord Algérien, notamment dans ses parties centrales et occidentales. En effet, l'excédent pluviométrique enregistré globalement avant 1978 correspond aux phases négatives des indices climatiques, notamment celles de l'Oscillation Arctique OA. Par contre, le déficit enregistré après 1978 correspond aux phases positives des indices climatiques.

– L'anomalie de la pluviométrie annuelle à l'échelle des régions orientales du nord Algérien, notamment le littoral Est évolue en même sens que celle des indices climatique, en particulier les indices OA et NAO.

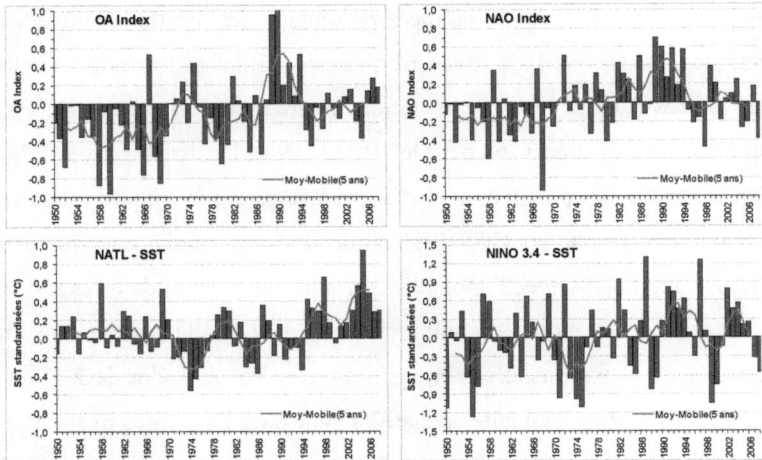

Figure 5.9 : *Evolution des indices climatiques annuels standardisés et lissés (1950–2008)*

– Les années pluviométriques extrêmes (très humides ou très sèches) sont assez bien synchronisées, avec un décalage temporel d'une année, avec un changement de phase des indices climatiques, du négative vers le positive ou l'inverse (figures 5.7 et 5.9). Une analyse objective telle que l'une analyse canonique confirmera ces constats.

5.5.2 Relation entre les précipitations annuelles et les indices climatiques pendant la période 1950-2008

Les valeurs de cinq coefficients de corrélation canonique extraites des deux groupes des variables sont toutes significatives ($F_{Observée} < F_{Théorique}$ au seuil de signification $\alpha=5\%$). La valeur du premier coefficient de corrélation canonique, qui mesure le degré de liaison entre les deux groupes de variables, est supérieure à 0.7 (tableau 5.6). Elle exprime ainsi un lien relativement élevé entre les précipitations annuelles et les indices climatiques dans le nord Algérien.

En ce qui concerne le lien entre les six stations de références et les nouvelles variables canoniques, le tableau 5.7 révèle que chaque station est corrélée à une nouvelle variable canonique. Ainsi, les stations du littoral Est et centre (Annaba et d'Alger) sont corrélées négativement et respectivement aux variables canoniques (V_5) et (V_3). Toutefois, la station du littoral ouest (Oran) est négativement corrélée à la variable canonique (V_5), en plus, elle est corrélée positivement à la première variable canonique (V_1). La station de Setif est corrélée respectivement aux variables canoniques (V_2), (V_4) et (V_5), ces coefficients de corrélation sont négatifs. Quant aux deux autres stations de l'intérieur (Djelfa et Maghnia), la première variable canonique (V_1) est positivement corrélée, alors que la deuxième variable canonique (V_2) est négativement corrélée à ces deux stations.

Tableau 5.6 : *Les coefficients de corrélation canonique calculés entre les indices pluviométriques annuels des six stations de référence et les indices climatiques annuels et semestriels (OA, NAO, NATL-SST et Nino3.4-SST) (1950-2008).*

Variables canoniques	R	Valeur propre	$F_{Observée}$	$F_{Théorique}$
λ_1	0.754	0.569	0.508	0.999
λ_2	0.531	0.282	0.237	1.000
λ_3	0.291	0.085	0.109	1.000
λ_4	0.213	0.045	0.077	1.000
λ_5	0.177	0.031	0.054	1.000

R : valeur des coefficients de corrélation canonique; F : valeur du test Lambda de Wilks.

Quant aux indices climatiques, la première nouvelle variable canonique (W_1) n'est corrélée à aucun indice soit à l'échelle annuelle ou à l'échelle semestriel. La seconde nouvelle variable canonique (W_2) est significativement corrélée à l'indice des anomalies thermiques en surface dans la région NINO 3.4 aux échelles annuelle et semestriel (hiver et été). Mais cette corrélation est négative.

Quant à la troisième variable canonique (W_3), elle est positivement corrélée respectivement à l'Oscillation Arctique (annuel et hivernal) et à aux anomalies de la SST dans la région NINO 3.4 (annuel, hiver et été) mais cette corrélation est plus élevée avec OA.

La 4ème nouvelle variable canonique (W_4) est négativement corrélée aux deux oscillations (OA estival et NAO estival aussi) mais cette corrélation est très élevée avec OA-été. Quant à la dernière variable canonique (W_5), elle est également corrélée négativement aux deux oscillations OA et NAO (OA-annuel, OA-hiver, NAO-annuel et NAO-hiver). Cette corrélation est plus importante avec les indices hivernaux mais remarquablement très élevée avec NAO-hiver (tableau 5.7).

Il ressort de ces résultats que les anomalies standardisées des SST dans la région *Nino 3.4* sont significativement corrélées à la pluviométrie annuelle dans les régions intérieures du nord Algérien (Setif, Djelfa et Maghnia). Elles sont également significativement corrélées à la pluviométrie annuelle dans le littoral Algérie du centre (Alger). L'indice *Nino 3.4* est négativement corrélé aux stations de l'intérieur mais, il est positivement corrélé à la station d'Alger. Son influence est plus marquée avec la pluviométrie d'Alger. En revanche, les anomalies standardisées des SST dans la région nord Atlantique (*NATL-SST*) ne sont pas corrélées à aucune région pluviométrique du nord Algérien.

L'oscillation arctique (*OA*) est significativement corrélée à la pluviométrie annuelle dans tout le littoral Algérien (Annaba, Alger et Oran: axe Est-Ouest), l'est aussi à celle de la région intérieure Est (Setif). Elle est positivement corrélée à la station d'Alger, à l'échelle de l'année et en hiver, mais négativement corrélée au reste des stations (Annaba, Setif et Oran) avec une très forte corrélation avec Setif en été.

Tableau 5.7 : *Coefficients de corrélation entre les nouvelles variables canoniques et les anciennes variables (précipitations dans le nord Algérien et indices climatiques) (1950-2008).*

	V_1	V_2	V_3	V_4	V_5	W_1	W_2	W_3	W_4	W_5
Oran	0.491	0.105	-0.140	-0.271	-0.570					
Maghnia	0.528	-0.597	-0.346	-0.107	-0.088					
Alger	0.100	-0.310	-0.786	-0.193	-0.453					
Djelfa	0.593	-0.698	-0.235	0.254	-0.189					
Annaba	-0.119	-0.276	-0.438	0.127	-0.835					
Setif	0.098	-0.639	-0.031	-0.473	-0.571					
OA-a						-0.072	0.344	0.656	-0.443	-0.500
OA-hiver						-0.081	0.411	0.680	-0.166	-0.578
OA-été						-0.010	-0.014	0.253	-0.967	-0.029
NAO-a						-0.052	-0.225	0.393	-0.372	-0.639
NAO-hiver						-0.086	-0.169	0.324	-0.091	-0.922
NAO-été						0.010	-0.179	0.279	-0.501	-0.020
NINO3.4-a						-0.114	-0.673	0.616	0.239	0.312
NINO3.4-hiver						-0.329	-0.644	0.570	0.199	0.336
NINO3.4-été						0.149	-0.662	0.631	0.270	0.262
NATL-a						-0.067	-0.100	-0.028	0.251	0.377
NATL-hiver						0.015	-0.081	-0.038	0.214	0.412
NATL-été						-0.133	-0.112	-0.019	0.271	0.331

a : indice annuel; hiver : indice hivernal (Octobre-Mars); été : indice estival (Avril à Septembre). Les valeurs significatives des coefficients de corrélation apparaissent en rouge gras.

En ce qui concerne l'oscillation nord-atlantique (*NAO*), considérée comme la composante régionale de OA, elle est significativement corrélée à la pluviométrie annuelle dans la région Est du nord Algérien (Annaba et Setif), l'est à la station d'Oran. *NAO* est négativement corrélée à la pluviométrie annuelle de toutes ces stations. Cette corrélation est beaucoup plus importante en hiver par rapport à l'été. Ainsi, son influence dépend des saisons. On retiendra que les indices hivernaux d'*OA* et *NAO* sont corrélés à la cinquième nouvelle variable canonique. Par conséquent, c'est durant cette saison que les deux indices deviennent corrélés comme l'avait déjà mentionné Wallace (2000). La comparaison de la variabilité interannuelle de ces indices révèle que leur variabilité devient quasi synchrone après 1950 (figure 5.9).

En fin, en considérant toute la période d'étude (1950-2008), on peut dire que la variabilité pluviométrique interannuelle dans les régions intérieures du nord Algérien, ainsi que dans le littoral central, est contrôlée principalement par les anomalies standardisées de la SST dans la région *NINO 3.4* (tableau 5.8). Toutefois, la contribution des indices *OA* et *NAO* est à considérer pour le littoral du centre et l'intérieur Est. La pluviométrie annuelle dans les régions côtières orientales et occidentales est influencée, principalement, par l'oscillation nord-atlantique (*NAO*) hivernal et, avec un degré moindre, par l'oscillation arctique (*OA*) (tableau 5. 8).

Tableau 5.8 : *Indices climatiques influençant la variabilité interannuelle des précipitations dans le nord d'Algérie pendant la période 1950-2008.*

Maghnia	Oran	Alger	Djelfa	Annaba	Setif
Nino 3.4-annuel (−)	NAO-hiver (−) OA-hiver (−)	Nino 3.4-été (+) OA-hiver (+)	**Nino 3.4-annuel (−)**	NAO-hiver (−) OA-hiver (−)	Nino 3.4-annuel (−) NAO-hiver (−)

Les signes en parenthèses indiquent le sens de la corrélation. En gras les corrélations les plus élevées.

Dans la section (5.4.3), nous avons distingué globalement un changement autour de 1978. Avant cette date (1950-1978), la pluviométrie interannuelle dans le nord Algérien est considérée comme humide. Tandis que, la période 1979-2008 est caractérisée par un déficit pluviométrique, notamment la période 1979-2000 pendant laquelle une sécheresse est généralisée dans toute l'Algérie. Dans ce sens, une analyse des corrélations canonique sera détaillée pour chacune des trois périodes.

5.5.3 Relation entre les précipitations annuelles et les indices climatiques avant et après 1978

L'analyse des corrélations canoniques sur chacune des deux périodes 1950-1978 et 1979-2008 nous a permis d'extraire, des deux groupes de variables (indices pluviométriques et indices climatiques), trois coefficients de corrélation canonique pour la première période (1950-1978), tandis que cinq coefficients de corrélation canonique pour la deuxième (1979-2008). L'ensemble de ces coefficients de corrélation canonique extraits, sur les deux périodes, sont significatives ($F_{Observée} < F_{Théorique}$ au seuil α= 5%). Pour les deux périodes, les valeurs des premiers coefficients de corrélation canonique sont plus élevées que lorsqu'on utilise la période toute entière (1950-2008) (tableau 5.6). Le premier coefficient de corrélation canonique de la période avant 1978 est plus faible que celui de la période après 1978 (tableau 5.9). Ceci confirme ainsi le synchronisme observé dans la succession des épisodes secs et humides dans le nord de l'Algérie après 1978 et explique probablement le fait que les indices climatiques influencent beaucoup plus les évènements pluviométriques extrêmes (années très humides, années très sèches ou une longue période de sécheresse) dans le nord Algérien.

Tableau 5.9 : *Coefficients de corrélation canonique calculés entre les indices pluviométriques annuels des six stations de référence et les indices climatiques annuels et semestriels (OA, NAO, NATL-SST et Nino3.4-SST) durant les périodes 1950-1978 et 1979-2008.*

Variable canonique	Période 1950-1978				Période 1979-2008			
	R	VP	$F_{Observée}$	$F_{Théorique}$	R	VP	$F_{Observée}$	$F_{Théorique}$
λ_1	0.81	0.66	0.24	1.000	0.82	0.68	0.39	1.000
λ_2	0.70	0.49	0.05	1.000	0.58	0.34	0.17	1.000
λ_3	0.23	0.05	0.004	1.000	0.36	0.13	0.08	1.000
λ_4					0.27	0.07	0.05	1.000
λ_5					0.11	0.01	0.01	1.000

R : valeur du coefficient de corrélation canonique ; VP : Valeur Propre; F : valeur du test Lambda de Wilks.

En ce qui concerne la relation entre les nouvelles variables canoniques et les précipitations mesurées aux six stations de référence, il ressort du tableau 5.10 qu'avant 1978, et à l'exception de la station d'Oran le reste des stations sont relativement bien corrélées à la première nouvelle variable canonique(V_1). Toutes ces stations sont corrélées négativement. Néanmoins, la station d'Annaba est également corrélée aux deux autres nouvelles variables canoniques (V_2 et V_3), mais faiblement. En revanche, durant la période 1979-2008, les quatre stations (Oran, Alger, Annaba et

Setif) sont positivement corrélées à la cinquième nouvelle variable canonique confirmant ainsi le synchronisme observé dans la succession des épisodes secs et humides dans les régions correspondantes après 1978. Toutefois, la station de Maghnia est positivement bien corrélée avec la deuxième nouvelle variable (V_2). La station de Djelfa est fortement corrélée avec la première nouvelle variable canonique(V_1), aussi positivement.

Quant à la relation entre les nouvelles variables canoniques et les indices climatiques (tableau 5.11), aussi bien avant qu'après 1978, c'est l'oscillation arctique qui présente les valeurs des coefficients de corrélation les plus élevées avec les nouvelles variables canoniques. Avant 1978, l'oscillation arctique (OA) est fortement corrélée négativement à la deuxième nouvelle variable canonique (W_2), notamment en hiver. Elle est également très corrélée négativement à la troisième nouvelle variable canonique (W_3), mais en été. Il s'ensuit qu'avant 1978, uniquement la corrélation entre les précipitations mesurées à Annaba et cet indice est négative (tableau 5.10). En conséquence, avant 1978, l'oscillation arctique (OA) hivernale a contrôlée beaucoup plus la variabilité pluviométrique interannuelle du littoral Algérien oriental. Quant à l'oscillation nord-atlantique (ONA), elle est beaucoup plus corrélée à la première nouvelle variable canonique (W_1) en été. Elle est également corrélée négativement à la deuxième nouvelle variable canonique (W_2), mais en hiver. Par conséquent, cet indice est négativement corrélé aux précipitations mesurées dans le nord Algérien, à l'exception du littoral ouest. Son influence semble se limiter seulement aux régions de l'intérieur.

Durant cette période (1950-1978), on notera la contribution remarquable de l'indice des anomalies de la SST dans la région nord-

168

atlantique (*NATL*) qui est négativement corrélé à la première nouvelle variable canonique (*W₁*) et positivement corrélé à la deuxième nouvelle variable canonique (*W₂*), notamment en hiver. On notera aussi que le lien entre les indices climatiques et les précipitations annuelles est plus fort aux régions de l'intérieur qu'aux régions côtières. Quant aux anomalies thermiques de la SST dans la région *NINO 3.4* sont corrélées négativement uniquement à la première nouvelle variable canonique (*W₁*). Ainsi, cet indice est négativement corrélé aux précipitations mesurées dans le nord Algérien, beaucoup plus aux régions intérieures du centre et de l'ouest.

Tableau 5.10 : *Coefficients de corrélation entre les nouvelles variables canoniques et les indices pluviométriques annuels des six stations de référence, calculés durant les périodes 1950-1978 et 1979-2008.*

Stations	Période 1950-1978			Période 1979-2008				
	V_1	V_2	V_3	V_1	V_2	V_3	V_4	V_5
Oran	-0.313	-0.157	-0.181	0.040	0.554	0.123	-0.199	0.730
Maghnia	-0.726	-0.250	0.179	-0.004	0.653	-0.079	0.281	-0.284
Alger	-0.661	-0.320	-0.221	0.133	-0.242	0.419	0.383	0.702
Djelfa	-0.662	-0.214	-0.223	0.740	-0.228	0.580	0.028	-0.044
Annaba	-0.603	-0.531	-0.498	-0.129	-0.361	0.455	-0.126	0.579
Setif	-0.619	-0.419	0.314	0.312	-0.455	-0.156	0.145	0.593

Les valeurs significatives des coefficients de corrélation apparaissent en rouge gras.

Après 1978, *NAO* hivernal est positivement corrélé aux précipitations annuelles des zones côtières (Annaba, Alger et Oran). *OA* hivernal est positivement corrélé aux précipitations annuelles des zones intérieures ouest (Maghnia). En revanche, *OA* estival est négativement corrélé aux précipitations annuelles des zones intérieures centre (Djelfa). Quant aux indices des anomalies thermiques (*NINO 3.4* et *NATL*), ils sont négativement corrélés aux précipitations annuelles des zones côtières en plus de la région intérieure Est (Setif). Le fait le plus important à souligner est la diminution des valeurs des coefficients de corrélation entre les nouvelles variables canoniques et certains indices climatiques, en particulier l'oscillation arctique, après 1978.

Tableau 5.11 : *Coefficients de corrélation entre les nouvelles variables canoniques et les indices climatiques, calculés durant les périodes 1950-1978 et 1979-2008.*

Indice climatique	Période 1950-1978			Période 1979-2008				
	W_1	W_2	W_3	W_1	W_2	W_3	W_4	W_5
OA-a	0.208	-0.913	-0.352	-0.230	0.378	-0.570	-0.621	0.308
OA-hiver	0.210	-0.969	-0.129	-0.268	0.480	-0.290	-0.729	0.287
OA-été	0.078	-0.166	-0.983	-0.022	-0.065	-0.975	-0.044	0.206
NAO-a	-0.714	-0.586	-0.124	0.055	-0.011	-0.463	-0.564	0.482
NAO-hiver	-0.301	-0.766	0.133	-0.011	-0.039	-0.067	-0.690	0.720
NAO-été	-0.916	-0.148	-0.374	0.094	0.020	-0.642	-0.189	0.035
NINO3.4-a	-0.509	0.342	0.343	0.271	-0.384	-0.072	-0.599	-0.644
NINO3.4-hiver	-0.479	0.315	0.326	0.093	-0.502	-0.096	-0.585	-0.622
NINO3.4-été	-0.503	0.348	0.335	0.468	-0.219	-0.040	-0.578	-0.630
NATL-a	-0.464	0.618	0.050	-0.190	0.059	0.235	0.280	-0.507
NATL-hiver	-0.500	0.624	0.044	-0.132	0.099	0.168	0.298	-0.517
NATL-été	-0.417	0.590	0.053	-0.232	0.020	0.283	0.249	-0.473

a : indice annuel; hiver : indice hivernal (Octobre à Mars); été : indice estival (Avril à Septembre). Les valeurs significatives des coefficients de corrélation apparaissent en rouge gras.

Tableau 5.12 : *Indices climatiques influençant la variabilité interannuelle des précipitations dans le nord d'Algérie durant les périodes 1950-1978 et 1979-2008.*

Période 1950-1978					
Maghnia	**Oran**	**Alger**	**Djelfa**	**Annaba**	**Setif**
NAO-été (–) Nino 3.4-annuel (–) *NATL*-hiver (–)		**NAO-été (–)** Nino 3.4-annuel (–) *NATL*-hiver (–)	**NAO-été (–)** Nino 3.4-annuel (–) *NATL*-hiver (–)	**OA-été (–)** NAO-été (–) Nino 3.4-annuel (–) *NATL*-hiver (+)	**NAO-été (–)** Nino 3.4-annuel (–) *NATL*-hiver (–)
Période 1979-2008					
Nino 3.4-hiver (–) OA-hiver (+)	**NAO-hiver (+)** Nino 3.4-annuel (–) *NATL*-hiver (–)	**NAO-hiver (+)** Nino 3.4-annuel (–) *NATL*-hiver (–)	**Nino 3.4-été (+)** OA-été (–) NAO-été (–)	**NAO-hiver (+)** Nino 3.4-annuel (–) *NATL*-hiver (–)	**NAO-hiver (+)** Nino 3.4-annuel (–) *NATL*-hiver (–)

Les signes en parenthèses indiquent le sens de la corrélation. En gras les corrélations les plus élevées.

Enfin, comme nous l'avons déjà mentionné, les indices estivaux de *OA* et *NAO* sont corrélés aussi bien avant qu'après 1978. La contribution, plus nette après 1978, des deux autres indices climatiques *NINO 3.4* et *NATL* qui influencent en particulier les régions intérieures du nord Algérien (tableau 5.12). Il devient important de vérifier si ces deux indices peuvent servir à prédire les périodes sèches et humides aux différentes régions pluviométriques du nord de l'Algérie.

5.5.4 Relation entre les précipitations annuelles et les indices climatiques pendant la période sèches (1979-2000)

Nous avons constaté que les précipitations annuelles connaissent une progression à la hausse après 2001, avec un excédent pluviométrique relatif enregistré dans la plus part des stations à partir de 2005 (section 5.4.3). Il est essentiel de savoir quel est l'indice climatique qui a contribué à ce tournant de l'état pluviométrique (d'un déficit à un excédent). Dans ce sens, nous avons corrélé les indices climatiques et les indices pluviométriques annuels avant et après 2000. Pour la période 1979-2000, cinq coefficients de corrélation canonique sont extraits des deux groupes de variables, ils sont tous significatifs au seuil α= 5%. Par contre, pour la période 2001-2008, le test de Wilks ne montre aucune corrélation significative. Il explique l'absence du lien entre les précipitations annuelles et les indices climatiques dans le nord d'Algérie pendant cette période. Ceci, résulte probablement de la taille de la série (8 ans) qui est très courte.

Ainsi, Les résultats relatifs à la période de sécheresse (1979-2000) sont résumés dans le tableau 5.13. Il ressort de ce tableau les faits saillants suivants :

– Pendant cette période sèche, la variabilité interannuelle de la pluviométrie dans les régions côtières Algériennes est commandée surtout par l'anomalie des températures de surface, notamment dans la région nord-atlantique (*NATL-SST*). En effet, lorsque cette anomalie est dans sa phase positive en été, ces régions subissent un déficit pluviométrique. Les indices OA et NAO ont également un rôle important dans le contrôle de la variabilité pluviométrique dans ces régions. Lorsque ces indices, notamment l'OA estival, sont dans leurs phases négatives, ces régions subissent aussi un déficit pluviométrique. L'influence de ces indices est aussi concluante aussi concernant les régions intérieures orientales (Setif comme référence) du nord Algérien.

– La variabilité des précipitations annuelles dans les régions intérieures, surtout dans le centre et l'ouest, du nord de l'Algérie est contrôlée essentiellement par la combinaison des indices hivernaux d'anomalie de pression (*NAO* et *OA*) et l'indice estival d'anomalie thermique en surface dans la région *NINO 3.4*.

Tableau 5.13 : *Indices climatiques influençant la variabilité interannuelle des précipitations dans le nord d'Algérie pendant la période sèche 1979-2000.*

Période 1979-2000					
Maghnia	*Oran*	*Alger*	*Djelfa*	*Annaba*	*Setif*
NAO-hiver (+) Nino 3.4-été (+)	*NATL*-été (+) Nino 3.4-hiver (+) NAO (–) OA-été (–)	*NATL*-été (+) OA-été (–) Nino 3.4-hiver (+) NAO (–)	**OA-hiver (+)** NAO-hiver (+) Nino 3.4-été (–)	*NATL*-été (+) OA-été (–) Nino 3.4-hiver (+) NAO (–)	*NATL*-été (+) OA-été (–) Nino 3.4-hiver (+) NAO (–)

Les signes en parenthèses indiquent le sens de la corrélation. En gras les corrélations les plus élevées.

Par ailleurs, on note le changement dans les valeurs des coefficients de corrélation, ainsi que dans l'importance de chaque indice climatique, lorsque nous considérons la période 1979-2008 toute entière. Ceci, peut être expliqué par la progression du rôle des anomalies négatives de la SST dans la région nord-atlantique depuis le début de la décennie 2000. En conséquence, la mutation relative de l'état pluviométrique (d'un déficit généralisé vers un excédent relative) à l'échelle annuelle peut être expliquée par l'évolution progressive des anomalies de la SST dans

172

l'Atlantique du nord qui influencent non seulement la variation pluviométrie au nord Algérien mais aussi d'autres indices climatiques, notamment le *NAO*.

5.6 Discussion et conclusion

Le but de la régionalisation était de segmenter le nord Algérien en régions homogènes du point de vue de la pluviométrie, suivant le rythme interannuel. L'objectif n'était pas de faire une régionalisation climatique sur le nord d'Algérie, en utilisant un réseau de mesure très dense et en prenant en compte des facteurs géographiques et d'autres paramètres plus localisées de la climatologie. Il était en effet question de décrire la variabilité interannuelle des précipitations sur une longue période en utilisant un nombre réduit de points de mesure (stations sélectionnées comme référence représentant chaque région pluviométrique), en discriminant les particularités pluviométriques de chaque région. De ce point de vue, il est important de rappeler que la notion d'unicité d'ensemble invoquée par cette régionalisation est en réalité susceptible de masquer des diversités locales au sein d'un même domaine pluviométrique.

La régionalisation des précipitations issue de l'analyse factorielle (ACP avec rotation) montre principalement qu'à l'échelle interannuelle, la caractéristique principale des précipitations reste leur grande variabilité spatiale, mais les résultats montrent une bonne cohérence spatiale entre les régions pluviométries obtenues. Six ensembles régionaux distincts, formés par un groupe de stations ayant un comportement similaire. En conséquence, Six indices pluviométriques ont été définis pour le nord Algérien, correspondants aux six stations de références sélectionnées.

L'analyse des cycles annuels et interannuels a permis d'appréhender plus en détail les particularités de chaque région pluviométrique : il ressort qu'à l'échelle annuelle, l'intensité des cumuls mensuels et l'allure du profil pluviométrique sont les paramètres de différenciation des régimes pluviométriques au nord de l'Algérie.

A l'échelle interannuelle, l'étude de la stationnarité des séries révèle des tendances parfois marquées, qui ne s'accompagnent toutefois pas de ruptures significatives aux tests statistiques à 95%. Les moyennes mobiles présentent, suivant les régions pluviométriques, une tendance à la baisse aux cours des années 1980 et 1990. C'est au cours de la cette période que le phénomène se généralise sur l'ensemble de l'Algérie. Toutefois, les zones côtières orientales semblent faiblement affectées par les sècheresses du début des années 1980.

L'analyse de la variabilité des précipitations à partir des totaux annuels, en utilisant les séries des six stations représentatives (Annaba, Alger, Oran, Setif, Djelfa Maghnia), nous a permis de mettre en évidence la succession de deux phases, une longue période globalement pluvieuse qui s'est étendu du début des années 1950 à la fin des années 1970, une période globalement déficitaire, qui aurait commencé au début des années 80 et qui persiste jusqu'à nos jours. Nous avons confirmé la persistance et l'abondance des années déficitaires durant cette dernière période, par l'application de différentes méthodes statistiques. Les résultats des tests de détection de rupture des séries de données de la pluviométrie annuelle convergent touts sur deuxième moitié de la décennie 1970, notamment l'année 1978.

Par ailleurs, nous avons démontré que ces toutes dernières années (décennie 2000) sont caractérisées par une situation pluviométrique améliorée même s'il existe quelques disparités au niveau des données stationnaires. Parallèlement à cette situation décrivant la forte irrégularité pluviométrique continue, les structures caractéristiques de la pluviométrie interannuelle montrent une parfaite stabilité. Cependant, les résultats de l'analyse de l'évolution de la pluviométrie laissent penser à une séquence climatique (depuis le début des années 2000), plus humide que celle des années 1980-1990 mais qui reste plus sèche que la séquence des années 1960-1970. Selon les enregistrements de l'Office National de Météorologie (ONM), on note une amorce d'une rémission pluviométrique observée depuis 2005. Cette constatation, démontrée dans notre analyse, est assez rassurante pour le monde environnemental ainsi que l'économie du pays d'une manière générale.

Le lissage au moyen des moyennes mobiles glissantes (5 ans) et la standardisation des précipitations annuelles des six stations de référence du nord Algérien pendant la période 1950-2008 ont mis en évidence globalement un changement autour de 1978. Avant 1978, une période humide dans la quelle la succession des séquences sèches et humides n'y est pas toua à fait synchrone. Après 1978, une période sèche dans laquelle la succession de ces séquences sèches et humides devient relativement synchrone aux six stations, en particulier celles du littoral. Durant cette période, une sécheresse a sévi dans tout le nord Algérien. Toutefois, une amélioration relative des quantités de pluie est observée depuis le début de la décennie 2000.

Le changement de 1978 a été observé au moyen de plusieurs méthodes (Meddi et al., 2002 et 2005). Toutefois, cette observation a été uniquement sur les données de mesure dans le nord-ouest de l'Algérie, notamment la station d'Oran. Sans toutefois préciser la synchronisation du déficit ou d'excédent dans la région étudiée comme nous venons de la faire, Meddi et al (2004, 2005) étaient les premiers à détecter un changement autour de l'année 1978 sur les séries des débits moyens annuels au nord-ouest de l'Algérie. Cependant, ils n'ont pas précisé la cause (facteur) de ce changement.

L'analyse de corrélations canoniques a révélé un lien relativement fort entre les indices climatiques et les précipitations annuelles dans le nord Algérien. Mais ce lien est influencé par le changement de 1978 qui a affecté la variabilité interannuelle des précipitations. Plus précisément :

– Si on considère toute la période d'étude (1950-2008), on peut dire que la variabilité pluviométrique interannuelle dans les régions intérieures du nord Algérien, ainsi que dans le littoral central, est contrôlée principalement par les anomalies standardisées de la SST dans la région *NINO 3.4*. Toutefois, la contribution des indices *OA* et *NAO* est concluante pour le littoral du centre et l'intérieur Est. La pluviométrie annuelle dans les régions côtières orientales et occidentales est influencée, principalement, par l'oscillation nord-atlantique (*NAO*) hivernal et, avec un degré moindre, par l'oscillation arctique (*OA*).

– Si on considère chacune des deux périodes avant et après 1978 (1950-1978 et 1979-2008), les indices estivaux de *OA* et *NAO* sont corrélés aussi bien avant qu'après 1978. La contribution des deux autres indices climatiques (*NINO 3.4-SST* et *NATL-SST*) est plus nette après 1978. Ces indices influencent en particulier les régions intérieures du nord Algérien.

– Si on considère uniquement la période de sécheresse (1979-2000), la variabilité interannuelle de la pluviométrie dans les régions côtières Algériennes est commandée surtout par l'anomalie des températures de surface, notamment dans la région nord-atlantique (*NATL-SST*). Les indices OA et NAO ont également un rôle important dans le contrôle de la variabilité pluviométrique dans ces régions. L'influence de ces indices est aussi concluante aussi concernant les régions intérieures orientales (Setif comme référence) du nord Algérien. Alors que, la variabilité des précipitations annuelles dans les régions intérieures, surtout dans le centre et l'ouest, du nord de l'Algérie est contrôlée essentiellement par la combinaison des indices hivernaux d'anomalie de pression (*NAO* et *OA*) et l'indice estival d'anomalie thermique en surface dans la région *NINO 3.4.*

– Par ailleurs, la mutation relative de l'état pluviométrique depuis le début des années 2000 (d'un déficit généralisé vers un excédent relative) peut être expliquée par l'évolution progressive des anomalies négatives de la SST dans l'Atlantique du nord qui influencent non seulement la variation pluviométrie au nord Algérien mais aussi d'autres indices climatiques, notamment le *NAO*.

Quoi qu'il en soit, il ressort de cette étude que l'oscillation nord-atlantique *NAO* n'apparaît pas comme le seul facteur de variabilité temporelle des précipitations dans le nord de l'Algérie. Toutefois, cet indice ne permet que de prédire les périodes humides aux régions intérieures. Mais si on tient compte des autres indices (*OA*, *NINO3.4-SST* et *NATL-SST*), il devient possible de prédire la succession des périodes sèches et humides dans tout le nord Algérien. Ainsi, la variabilité interannuelle de la pluviométrie au nord Algérien est commandée par une compétition entre ces indices.

Conclusion générale

Dans ce travail, nous nous sommes intéressés à la variabilité du climat Algérien, plus particulièrement sa partie nord à cause de sa vulnérabilité et sa sensibilité aux variations et aux aléas climatiques. C'est région est la plus dense en population et concentre les meilleurs sols, la plupart des ressources en eau renouvelables, la faune et la flore les plus remarquables du pays.

En vue de sa nature géo-climatique, nous avons tenté de déterminer le rôle de la surface marine sur la variabilité du climat, en nous focalisant sur certains aspects particuliers de ce vaste sujet, à savoir : Les interactions air-mer à l'échelle de la Méditerranée avec l'idée que l'influence de l'océan sur l'atmosphère pourrait expliquer la variabilité du climat dans notre région à basse fréquence. Les modes de téléconnexions basse fréquence dominants entre l'océan et l'atmosphère avec l'idée que ces modes contrôlent la variabilité du climat aux échelles globale et régionale, peuvent-ils commander la variabilité du climat sur notre région (échelle locale).

Parmi toute la gamme d'échelles temporelles caractérisant la variabilité du système océan-atmosphère dans le bassin Méditerranéen, nous avons de nous limiter aux échelles de temps saisonnière à interannuelle. Les processus physiques constituent une des principales causes de variabilité des températures de surface océanique et celle de la circulation atmosphérique à des échelles de temps supérieurs. Nous avons donc cherché à déterminer, plus précisément, si les flux de chaleur à l'interface air-mer à l'interface de la Méditerranée jouait un rôle dans la variation saisonnière du climat des régions riveraines et si ces flux air-mer, notamment le flux latent et/ou sensible, pouvait être une source de prévisibilité potentielle de l'état pluviométrique et thermique dans le nord Algérien. Nous avons également cherché à déterminer si l'Oscillation Nord Atlantique (*NAO*) est le seul mode de variabilité basse fréquence qui contrôle la variabilité interannuelle de la pluviométrie au nord Algérien ou, il y a d'autres modes entrants en compétition. Pour atteindre ces objectifs, un large panel de jeux de données *in situ* et des réanalyses a été utilisé.

Avant d'évoquer les perspectives suggérées par nos travaux, cette conclusion reprend les questions scientifiques principales identifiées dans le cadre des ces travaux et synthétise pour chaque question les avancées réalisées et les points restés sans réponses.

Reconstitution et validation des champs climatologiques.

Quelles incertitudes existe-t-il dans les différentes climatologies des champs de la SST, de la SSS et de flux de chaleur à l'interface air-mer en Méditerranée?

La question a été abordée dans le chapitre 2 en utilisant différentes techniques de restitutions de données manquantes, en appliquant les méthodes d'estimation et de vérification et en soulignant les incertitudes pouvant être significatives liées aux sources différentes de données. Les résultats obtenus peuvent être résumés comme suit : à partir des données *MedAtlas* 2002, nous avons pu reconstituer des champs mensuels et saisonniers de température et salinité de surface de 1955 à 1999 sur une grille de comprenant 18 sous–régions dans le bassin Méditerranéen. Ces champs nous ont permis de recalculer de nouveaux champs mensuels de flux de chaleur à l'interface air-mer sur la période 1958–1999, en utilisant d'autres données de références (*ERA-40*), pour la Méditerranée entière. Les champs ainsi reconstruits montrent un certain réalisme :

- Les SST et les SSS restituées sont en bon accord avec les expériences menées jusqu'à présent en Méditerranée;
- Les flux de chaleur estimés à l'interface air-mer en Méditerranée sont cohérents avec ceux obtenus de différentes sources de données. De plus, ils sont plus réalistes que ceux dérivés des réanalyses *ERA-40* considérés comme référence;
- Le flux solaire est la seule source de gain de chaleur en Méditerranée. Alors que, la perte de chaleur est provoquée par ordre d'importance par le flux infrarouge, le flux de chaleur latente et le flux de chaleur sensible;
- A l'échelle annuelle, la surface de la mer Méditerranée montre une perte nette de chaleur. Elle est donc une source de chaleur pour son environnement atmosphérique.

Le bilan des incertitudes peut être résumé comme suit : i)- incertitudes associées à l'utilisation de trois jeux de données ayants une résolution spatiale relativement faible. Plusieurs études ont montré les limites d'*ERA-40* en Méditerranée (Herrmann & Somot, 2008; Ruti et al. 2007; Artale et al. 2009); ii)- Les différences observées entre les champs reconstitués et ceux d'*ERA-40* peuvent être attribuées à la *SST*, à la *SSS* mais également aux formules *bulk* utilisées et à la différence de résolution.

L'utilisation des données des réanalyses *ERA-Interim* dans les estimations et les vérifications des flux peut probablement réduire ces incertitudes. Ces réanalyses sont plus récentes que celles d'*ERA-40* et apriori en meilleur accord avec les observations. Toutefois, les climatologies ainsi réalisées peuvent apporter un plus pour :

- L'amélioration de l'analyse des variations des interactions air-mer sur longues échelles;

- De meilleures contraintes pour les modèles de prévision numérique;
- Une meilleure compréhension sur les variations interannuelles du climat des 50 dernières années du 2nd millénaire pour les pays riverains de la Méditerranée.

Analyse des variations spatio-temporelles des champs de SST, SSS et des flux de chaleur en Méditerranée.

Quelle est la variabilité spatio-temporelle du flux de chaleur à l'interface air-mer en Méditerranée?

La question a été abordée dans le chapitre 3 en réalisant une description quantitative de la variabilité d'échange d'énergie entre la surface Méditerranéenne et l'atmosphère. Cette description a été réalisée à l'échelle spatiale ainsi qu'aux échelles de temps saisonnière à interannuelle. Les variations spatio-temporelles de ces champs montrent que :

- Le gradient nord–sud est plus faible que le gradient est–ouest des températures et salinités de surface. L'inverse est observé pour les flux de chaleur. Les plus fortes variations spatio-temporelles sont plus nettes dans les zones de formation d'eaux profondes que partout ailleurs;
- La variabilité dans le flux net de chaleur à l'interface air-mer en Méditerranée est attribuée principalement à la variation du flux de chaleur latente;
- Les champs de surface en Méditerranée (SST, SSS et Flux de chaleur) suivent un cycle saisonnier très marqué visible;
- Les contrastes été–hiver de salinité et de température reflètent nettement le forçage qui induit la circulation thermohaline en Méditerranée;
- Les écarts été–hiver du flux net de chaleur reflètent bien le fort contraste air–mer en Méditerranée notamment dans les zones de formation d'eaux profondes;

. La période de pertes nettes de chaleur est de septembre à février dans le bassin occidental, alors qu'elle est d'août à février dans le bassin oriental;

. Les cycles saisonniers des flux de chaleur ne montrent pas de grandes différences régionales et confirment les distributions des principaux facteurs climatiques influant sur la région;

. L'évolution des anomalies annuelles de ces champs reflète les périodes de sécheresse et les périodes humides observées sur la région Méditerranéenne. En plus, les zones de formation d'eaux profondes (*downwelling*) présentent aussi une forte variabilité interannuelle.

Nous nous reconnaissons que cette étude est exclusivement descriptive. La considération des processus dynamiques et physiques peut expliquer rigoureusement et objectivement cette description qualitative ainsi que l'origine de cette différence. Néanmoins, ces variations ainsi précisées qualitativement peuvent apporter un plus pour améliorer la précision de ces flux de chaleur, augmenter notre compréhension des processus d'interaction air-mer en Méditerranée ainsi que des mécanismes à l'origine des variations interannuelles de formation d'eaux profondes en Méditerranée.

Rôle des flux de chaleur à l'interface de la Méditerranée dans la variabilité du climat au nord Algérien.

Quelle est le rôle du flux de chaleur à l'interface air-mer en Méditerranée dans la variabilité du climat des régions riveraines ?

La question est abordée dans le chapitre 4 en étudiant les relations causales entre les anomalies saisonnières des flux chaleur latente et sensible à l'interface air-mer en Méditerranée et celles de la pluviométrie et de la température dans le nord Algérien. Les résultats obtenus peuvent être résumés comme suit :

- Les résultats de l'analyse de causalité au sens de Granger révèlent qu'il existe des relations significatives entre les anomalies des flux de chaleur à l'interface air-mer en Méditerranée et les anomalies pluviométriques et thermiques dans le nord Algérien;

- La variation saisonnière dans les flux de chaleur latente et/ou sensible agirait sur la variabilité pluviométrique et thermique saisonnière dans le nord de l'Algérie avec un temps de réponse essentiellement de quatre saisons;

- Les flux de chaleur air-mer en Méditerranée occidentale influencent surtout les champs pluviométriques et thermiques de la partie orientale du littoral algérien, tandis que ceux de la Méditerranée centrale agiraient sur les paramètres climatiques de la partie occidentale du littoral algérien. En conséquence, elle peut être une source de prévisibilité à l'échelle de notre région;

- L'utilisation de la circulation des eaux de surface en Méditerranée, nous a aidée à découvrir les mécanismes qui expliquent ces relations statistiques établies, elle montre une certaine cohérence.

Nous reconnaissons que ces résultats ont un fond statistique et qu'ils sont limités par la caractéristique du schéma utilisé. Les conclusions quant à l'existence d'une causalité peuvent être influencées par l'omission d'autres variables pertinentes qui sont, en fait, des variables causales. De plus, la dynamique océan-atmosphère associée à ces processus est complexe et mal connue dans la région méditerranéenne. Il faudra en tenir compte lors de futurs travaux. Toutefois, l'utilisation du test de causalité au sens de *Granger* dans ce contexte nous a permis de découvrir des sources possibles de forçage qui associent mieux le système océan-atmosphère.

Peut-on utiliser les flux de chaleur comme Proxy pour améliorer la prévision climatique (saisonnière) des anomalies de température et de précipitations sur les régions voisines de la Méditerranée ?

Est-ce que le flux de chaleur apporte une information en plus sur les anomalies observées des zones littorales ?

Les deux questions sont abordées aussi dans le chapitre 4 en élaborant un système de prévision probabiliste de la pluviométrie et de la température basée sur l'analyse en composites des flux de chaleur latente et/ou sensible à l'interface air-mer en méditerranée. Les résultats obtenus peuvent être résumés comme suit :

. la comparaison des distributions fréquentielles des précipitations et des températures, sans tenir compte des flux de chaleur, avec celles où ces flux de chaleur sont considérés nous a permis de détecter des relations possibles, notamment lors d'occurrence des anomalies fortes et faibles de ces flux;

. L'utilisation des flux de chaleur comme données indirectes (*Proxy*) pour la prévision probabiliste saisonnière montre une amélioration de 36% à 39% pour la prévision de l'état normal, et de 11% à 14% pour la prévision de l'état extrême. Ce qui implique que le système élaboré est meilleure que la prévision par la climatologie (prévision par le hasard).

Cependant, pour ce qui est de l'incertitude actuelle qui existe quant aux flux de chaleur à l'interface air-mer (mesures et suivis), il est probable toutefois que les anomalies de la température de surface (*SST*) apportent autant d'informations que les flux de chaleur pour la prévision saisonnière.

Modes de variabilité basse fréquence et variabilité interannuelle de la
pluviométrie au nord Algérien

Quelle est la variabilité interannuelle de la pluviométrie au nord
Algérien ?

La question est abordée dans le chapitre 5 en utilisant les cumuls pluviométriques annuels enregistrés dans le nord de l'Algérie. Les résultats obtenus peuvent être résumés comme suit :

. La régionalisation des précipitations annuelles issue de l'analyse factorielle montre que la caractéristique principale des précipitations reste leur grande variabilité spatiale. Six régions pluviométries ont été obtenues. En conséquence, Six indices pluviométriques ont été définis pour le nord Algérien, correspondants aux six stations de références sélectionnées;

. De l'analyse des cycles annuels, il ressort que l'intensité des cumuls mensuels et l'allure du profil pluviométrique sont les paramètres de différenciation des régimes pluviométriques au nord de l'Algérie;

. L'étude de la stationnarité révèle des tendances parfois marquées, qui ne s'accompagnent toutefois pas de ruptures significatives. Les moyennes mobiles présentent, suivant les régions pluviométriques, une tendance à la baisse aux cours des années 1980 et 1990. C'est au cours de la cette période que le phénomène se généralise sur l'ensemble du nord Algérien. Toutefois, les zones côtières orientales semblent faiblement affectées par les sècheresses du début des années 1980;

. L'analyse de la variabilité des précipitations annuelles, en utilisant les séries des six stations de référence (Annaba, Alger, Oran, Setif, Djelfa Maghnia), nous a permis de mettre en évidence la succession de deux phases, une longue période globalement pluvieuse qui s'est étendu du début des années 1950 à la fin des années 1970, une période globalement déficitaire, qui aurait commencé au début des années 80 et qui persiste jusqu'à nos jours. Les résultats des tests de détection de rupture des séries de données de la pluviométrie annuelle convergent touts sur deuxième moitié de la décennie 1970, notamment l'année 1978;

. Les dernières années sont caractérisées par une situation pluviométrique améliorée même s'il existe quelques disparités au niveau des données stationnaires.

Toutefois, les résultats de l'analyse de l'évolution de la pluviométrie laissent penser à une séquence climatique (depuis le début des années 2000), plus humide que celle des années 1980-1990 mais qui reste plus sèche que la séquence des années 1960-1970. On note une amorce d'une rémission pluviométrique observée depuis 2005. Cette constatation, démontrée dans notre analyse, est assez rassurante pour le monde environnemental ainsi que l'économie du pays d'une manière générale.

La variabilité interannuelle de la pluviométrie, au nord de l'Algérie, est-elle commandée par la variabilité des modes de variabilité basse fréquence?

Est-ce qu'il y a une dominance d'influence de l'un de ces modes par rapport à d'autres ou il y a une compétition entre ces modes?

Les deux questions ont été abordées aussi dans le chapitre 5 en utilisant les indices standardisés des indices de l'oscillation nord-atlantique (*NAO*), de l'oscillation arctique (*OA*), de la *SST* dans la région *Nino 3.4* et de la *SST* dans la région nord-atlantique (*NATL*). En lissant et standardisant les précipitations annuelles des six stations de référence du nord Algérien pendant la période 1950-2008. L'analyse de corrélations canoniques a révélé un lien relativement fort entre les indices climatiques et les

186

précipitations annuelles dans le nord Algérien. Mais ce lien est influencé par le changement de 1978 qui a affecté la variabilité interannuelle des précipitations. Plus précisément :

- L'analyse la période entière (1950-2008) montre que la variabilité interannuelle de la pluviométrie aux les régions intérieures, ainsi qu'au littoral central, est contrôlée principalement par les anomalies standardisées de la SST dans la région *NINO 3.4.* Toutefois, la contribution des indices *OA* et *NAO* est concluante pour le littoral du centre et l'intérieur Est. La pluviométrie annuelle dans les régions côtières orientales et occidentales est influencée, principalement, par l'oscillation nord-atlantique (*NAO*) hivernal et, avec un degré moindre, par l'oscillation arctique (*OA*);

- L'analyse des deux périodes (1950-1978 et 1979-2008), chacune à part, montre que les indices estivaux d'*OA* et du *NAO* commandent, en compétition, la variabilité interannuelle de la pluviométrie au nord Algérien. La contribution des deux autres indices climatiques (*NINO 3.4-SST* et *NATL-SST)* est plus nette après 1978. Ils influencent en particulier les régions intérieures du nord Algérien;

- L'analyse de la période de sécheresse (1979-2000), toute seule, montre que la variabilité interannuelle de la pluviométrie aux les régions côtières Algériennes est commandée surtout par l'anomalie des températures de surface, notamment l'indice (*NATL-SST)*. Les indices *OA* et *NAO* ont également un rôle important dans le contrôle de la variabilité pluviométrique dans ces régions. L'influence de ces deux indices est aussi concluante concernant les régions intérieures.

Cependant, la mutation relative de l'état pluviométrique depuis le début des années 2000 (d'un déficit généralisé vers un excédent relative) peut être expliquée par l'évolution progressive des anomalies négatives de la SST dans l'Atlantique du nord qui influencent non seulement la variation pluviométrie au nord Algérien mais aussi d'autres indices climatiques, notamment le *NAO*.

Quoi qu'il en soit, il ressort de cette étude que l'oscillation nord-atlantique *NAO* n'apparaît pas comme le seul facteur de variabilité temporelle des précipitations dans le nord de l'Algérie. Toutefois, cet indice ne permet que de prédire les périodes humides aux régions intérieures. Mais si on tient compte des autres indices (*OA*, *NINO3.4-SST* et *NATL-SST*), il devient possible de prédire la succession des périodes sèches et humides dans tout le nord Algérien. Ainsi, la variabilité interannuelle de la pluviométrie au nord Algérien est commandée par une compétition entre ces indices.

Perspectives

A l'issue de ces travaux, de nombreux points soulèvent de nombreuses perspectives concernant l'étude des interactions océan-atmosphère, en ce qui concerne la compréhension des liens observés, de leur représentation dans les modèles de climat et du devenir de ces téléconnexions dans un climat plus chaud. Nous en listons, entre autres :

Compréhension de la variabilité du climat Algérien : Ce travail a permis d'identifier plusieurs téléconnexions. Si certaines ont été examinées, d'autres pourraient faire l'objet d'investigations plus poussées pour en comprendre les mécanismes. Ces investigations seront en rapport avec :

- L'oscillation Méditerranéenne est considérée comme un mode de variabilité basse fréquence à l'échelle du bassin Méditerranéen et qui contrôle la variabilité atmosphérique sur cette région. Nous chercherons à déterminer le rôle de cette oscillation dans la variabilité du climat Algérien ;

- Le Sahara Algérienne occupe une grande partie du territoire dont la dépression thermique est l'une de ces caractéristiques, elle influence l'atmosphère d'une manière directe ou indirecte. Nous essayerons de comprendre son impact sur le climat du nord.

Flux océan-atmosphère et variabilité : Quoique les flux des modèles climatiques soient déjà très utiles pour l'étude de la mer Méditerranée, l'amélioration de leur climatologie reste encore une piste. Elle peut être abordée de plusieurs manières. L'une d'entre elles consiste à appliquer de nouvelle génération des formules *bulk* en utilisant des données plus fiables avec une résolution très fine. Cette action sera réalisée en moyen terme ;

. Des études antérieures ont montrées qu'en hiver les dépressions nées dans le golfe de Gênes représentent des anomalies de vent fort, de fortes pertes de chaleur pour la mer (sensible et latente) et de fortes précipitations en comparaison de leur environnement. On souligne ainsi l'importance de ces événements synoptiques sur la dynamique de la mer Méditerranée et en particulier en hiver lors de la période de convection profonde dans le golfe du Lion. **Une étude statistique des liens entre dépressions et convection reste à réaliser ;**

Changement climatique et évolution des tempêtes dans le littoral Algérien : Dans le littoral Algérien, les tempêtes responsables des pics de niveau marin sont responsables de l'inondation et de la submersion des zones côtières. Dans ce littoral, ces tempêtes sont caractérisées par des forts vents de nord–ouest. Ils se développent lorsqu'une dépression synoptique transite autour du Golfe de Gascogne. Cette circulation atmosphérique est certainement associée à l'une des phases (positives, neutres ou négatives) de l'Oscillation Nord Atlantique. Des changements dans les conditions moyennes de ce vaste mode de variabilité atmosphérique peuvent progressivement modifiés la circulation atmosphérique à l'échelle synoptique et augmentés le risque de forts vents de nord–ouest à l'échelle du littoral Algérien. Dans ce sens, les conditions atmosphériques associées à aux vents forts seront isolées à différentes échelles spatio-temporelles : à l'échelle du littoral Algérien, à l'échelle synoptique et à l'échelle de l'Oscillation Nord Atlantique. Ce travail reste à réaliser au moyen terme.

Références bibliographiques

Afifi A.A. et V. Clark, (1996) : Computer-aided multivariate analysis. 3rd edition. Chapman and Hall (Éditeurs), New York, 505p.

Ambaum M.H.P., HOSKINS B.J. and STEPHENSON D.B., (2001): Arctic Oscillation or North Atlantic Oscillation?, *J. Clim.*, *15*, 3495-3507.

Albrecht B., Bretherton C., Johnson D., Schubert W. H., Frisch A. (1995): The Atlantic stratocumulus transition experiment-ASTEX. *Bull. Amer. Meteor. Soc.* **76**, 889–903.

Alpert P., Baldi M., Ilani R., et al. (2006): Relations between climate variability in the Mediterranean region and the tropics: ENSO, South Asian and African monsoons, hurricanes and Saharan dust, Mediterranean Climate Variability, Elsevier B. V., 149–177.

Artale V., Calmanti S., Malanotte-Rizzoli P., Pisacane G., Rupolo W. and Tsimplis M. (2005): Mediterranean Climate Variability, PP. 282-323, *Ed. Lionello P, Malanotte-Rizzoli P and Boscolo R., Elsevier*.

Assani A.A. (1999): Analyse de la variabilité temporelle des précipitations (1916-1996) à Lubumbashi (Congo- Kinshasa) en relation avec certains indicateurs de la circulation atmosphérique (oscillation australe) et océanique (El Nino/La Nina). *Sécheresse* 10, 245-252.

Bachari N.E.I., (2011) : Analyse de l'influence des indices climatiques sur la variabilité interannuelle des précipitations dans le nord de l'Algérie (1968-2008). Communication dans la conférence international sur « l'information Géo-spatial : Effets et impacts des changements climatiques en Afrique ». Rabat (Maroc), 30/11 au 02/12/2011.

Barnier B., Brodeau L., Penduff T. (2006): News: Ocean surface forcing and surface fields. *Mercator Ocean Quaterly Newsletter*, 4–7.

Barnston A. G., A. Leetmaa, V. E. Kousky, R.E. Livezey, E. A. O'Lenic, H. Van den Dool, A. J. Wagner, and D. A. Unger, 1999. NCEP Forecasts of the El Niño of 1997–98 and Its U.S. Impacts, *Bull. Amer. Met. Soc.*, 80, 1829–1852.

Beckers J. M., P. Brasseur, and J. C. J. Nihoul, 1997. Circulation of the western Mediterranean: from global to regional scales. *Deep-Sea Research II*, 44, 531-549.

Beltrando G. and L. Chémery, 1995. Dictionnaire du Climat/indice climatique, *Edition Larousse*, France.

Besse P., 2003. Pratique de la modélisation Statistique. *Publications du Laboratoire de Statistique et Probabilités "LSP", UMR CNRS C5583*, Université Paul Sabatier, 81 pp.

Béthoux J., Gentili B. and Taillez D. (1999): Warming and freshwater budget change in the Mediterranean since the 1940s, their possible relation to the greenhouse effect, *Geophys. Res. Lett.*, **25**, 1023-1026.

Beranova R. and R. Huth, (2008): Time variations of the effects of circulation variability modes on European temperature and precipitation in winter, Int. J. Climatol., **28**, 139– 158, doi:10.1002/joc.1516.

Beranova R. and R. Huth (2007): Time variations of the relationships between the North Atlantic Oscillation and European winter temperature and precipitation, Stud. Geophys. Geod., **51**, 575 – 590, doi:10.1007/s11200-007-0034-3.

Bignami F., Marullo S., Santoleri R. and Schiano M.E. (1995): Longwave radiation budget in the Mediterranean Sea. *J. Geophys. Res.*, **100** C2, 2501-2514.

Bolton D. (1980): The computation of equivalent potential temperature. *Monthly Weather Review*, **108**, 1046-1053.

Brankart J. M. and P. Brasseur, 1996. Optimal analysis of in-situ data in western Mediterranean using statistics and cross-validation. *J. Atmos. Ocean. Tech.*, **13**, 477-491.

Brasseur P., J. M. Beckers, J. M. Brankart, and R. Schoenauen, 1996. Seasonal temperature and salinity fields in the Mediterranean Sea: climatological analysis of a historical data set. *D. Sea Res. I.* 43, 159-192.

Brier G. W., (1950): Verification of forecasts expressed in terms of probability, *Monthly. Weather Review*, **78**, 1–3.

Bryden H.L., Candela J., Kinder T.H. (1994): Exchange through the strait of Gibraltar, *Progress in Oceanography*, **33**, 201-248.

Businger J., (1972): Flux profile relationship in the atmospheric surface layer. Workshop on Micrometeorology, *Haugen Ed.*, 67–100.

Bourras D., Caniaux G., Giordani H. and Reverdin G., (2006): Influence d'un tourbillon océanique sur l'atmosphère, *La Météorologie*, **53**, 30–37.

Conil S., Li Z.X., (2005): Linearity of the atmospheric response to North Atlantic SST and Sea Ice anomalies, *Journal of Climate*, **18**, 1986–2003.

Christensen J.H., Hewitson B., Busuioc A., Chen A., Gao X., Held I., Jones R., Kolli R.K., Kwon W.-T., Laprise R., Magana Rueda V., Mearns L., Menendez C.G., Raisanen J., Rinke A., Sarr A., Whetton P., (2007): Regional Climate Projections. In: Climate Change 2007: The Physical Science Basis. Contribution of Working Group I to the Fourth Assessment Report of the Intergovernmental Panel on Climate Change [Solomon, S., D. Qin, M. Manning, Z. Chen, M. Marquis, K.B. Averyt, M. Tignor and H.L. Miller (eds.)]. Cambridge University Press, Cambridge, United Kingdom and New York, NY, USA.

Ferreira D. and C. Frankignoul, (2008): Transient atmospheric response to interactive SST anomalies, *Journal of Climate*, **21**, 576.

Ferreira D., Frankignoul C., (2005): The transient atmospheric response to midlatitude SST anomalies, *Journal of Climate*, **18**, 1049–1067.

Fontaine B., J. Garcia-Serrano, P. Roucou, B. Rodriguez-Fonseca, T. Losada, F. Chauvin, S. Gervois, S. Sijikumar, P. Ruti and S. Janicot, (2010): Impacts of warm and cold situations in the Mediterranean basins on the West African monsoon, *Climate Dyn.*, **35**, 95–114. DOI 10.1007/s00382-009-0599-3

Caniaux G., Brut A., Bourras D., Giordani H., Paci A., Prieur L., Reverdin G. (2005): A one year sea surface heat budget in the northeastern Atlantic basin during the pomme experiment: 1. flux estimates. *J. Geophys. Res.* **110**

Cassou C., (2004) : Du changement climatique aux régimes de temps: l'oscillation nord-atlantique. *La Météorologie*, 8ᵉ série, 45, 21-32.

Castellari S., N. Pinardi and K. Leaman, 1998. A model study of air-sea interactions in the Mediterranean Sea. *J. of Marine Systems*, 18, 89-114.

Cayan D. R., 1992. Latent and sensible flux anomalies over the northern oceans: The connection to monthly atmospheric circulation. *J. Climate, 5*, 354-369.

Conil S., Li Z.X., (2005): Linearity of the atmospheric response to North Atlantic SST and Sea Ice anomalies, *Journal of Climate*, **18**, 1986–2003.

Deser C. and Tomas R. A., (2007): The Transient Atmospheric Circulation Response to North Atlantic SST and Sea Ice Anomalies, *Journal of Climate*, **20**, 4751–4767.

Crepon M., M. Moukhtir and B. Barnier, 1989. Horizontal Ocean circulation forced by deep water formation. Part 1: An analytical study. *J. Phys. Oceanogr.*, 19, 1781-1793.

Curry J., Bentamy A., Bourassa M. A., Bourras D., Bradley E., Brunke M., Castro S., Chou S., Clayson C. A., Emery W., Eymard L., Fairall C., Kubota M., Lin B., Perrie W., Reeder R., Renfrew I., Rossow W., Schulz J., Smith S., Webster P., Wick G., Zeng X. (2004): Seaflux. *Bull. Amer. Meteor. Soc.* **85**, 409–424.

Curry J. A., A. bentamy, M. A. Bourassa, 2004. Sea flux. *Bul. Amer. Meteor. Soc.* 44, 409-424.

Czaja A. and C. Frankignoul, 1999. Influence of the North Atlantic SST on the atmospheric circulation. *Geophys. Res. Letters*, 26, 2969-2972.

Czaja A. and C. Frankigoul, 2002. Observed impact of Atlantic SST anomalies on the North Atlantic Oscillation. *J. Climate*, 15, 606–623.

Da Silva A., Young C. and Levitus S. (1994): Atlas of surface marine data 1994, Volume 4: Anomalies of freshwater fluxes. *NOAA atlas NESDIS 9, NOAA* U.S

Deser C. and Tomas R. A., (2007): The Transient Atmospheric Circulation Response to North Atlantic SST and Sea Ice Anomalies, *Journal of Climate*, **20**, 4751–4767.

Deser C. and M. S. Timlin, 1997. Atmosphere–ocean interaction on weekly timescales in the North Atlantic and Pacific. *J. Climate*, 10, 393–408.

193

Dutton J. A. (1986): The Ceaseless Wind: An introduction to the Theory of Atmospheric Motion. *Dove Publication Inc.*, New York, 617 pp

Hirche A., Boughani A. et Salamani M., (2007) : Evolution de la pluviosité annuelle dans quelques stations arides Algériennes, Sécheresse, Vol. 18 N°4,314-320. doi: 10.1684/sec.2007.0099

Krichak S. and P. Alpert, (2005): Decadal trends in the east Atlantic-west Russia pattern and the Mediterranean precipitation, Int. J. Climatol., 25, 183–192, doi:10.1002/joc.1124.

Nicholson S.E. and Kim J., (1997): The relationship of the El Nino-Southern Oscillation to African rainfall. Int. J. Climatol. 17:117–135.

Eymard L., Caniaux G., Dupuis H., Prieur L., Giordani H., Troadec R., Bessemoulin P., Lachaud G., Bouhours G., Bourras D., Guerin C., LeBorgne P., Brisson A., Marsouinand A. (1997): Surface fluxes in the north Atlantic during CATCH/FASTEX. *Quart. J. Roy. Meteor. Soc.* **125**, 3563–3599.

Eymard L, Planton S., Durand P., Visage C. L., Traon P. L., Prieur L., Weill A., Hauser D., Rolland J., Pelon J., Baudin F., Bénech B., Brenguier J., Caniaux G., de Mey P., Dombrowski E., Druilhet A., Dupuis H., Ferret B., Flamant C., Flamant P., Hernandez F., ans K. Katsaros D. J., Lambert D., Lefèvre J., LeBorgne P., Squere B. L., Marsoin A., Roquet H., Tournadre J., Trouillet V., Tychensky A., Zakardjian B. (1996): Study of air-sea interactions at the mesoscale : the SEMAPHORE experiment. *Ann. Geophys.* **14**, 986–1015.

Ferreira D. and C. Frankignoul, (2008): Transient atmospheric response to interactive SST anomalies, *Journal of Climate*, **21**, 576.

Ferreira D., Frankignoul C., (2005): The transient atmospheric response to midlatitude SST anomalies, *Journal of Climate*, **18**, 1049–1067.

Fontaine B., J. Garcia-Serrano, P. Roucou, B. Rodriguez-Fonseca, T. Losada, F. Chauvin, S. Gervois, S. Sijikumar, P. Ruti and S. Janicot, (2010): Impacts of warm and cold situations in the Mediterranean basins on the West African monsoon, *Climate Dyn.*, **35**, 95–114. DOI 10.1007/s00382-009-0599-3

Fairall C., White A. (1997): Integrated shipboard measurements of the marine boundary layer. *J. Atmos. Oceanic Technol.* **14**, 338–359.

Frankignoul C., 1985. Sea surface temperature anomalies, planetary waves and air-sea feedback in the middle latitudes. *Rev. Geophys.*, 23, 357–390.

Frankinoul C. and K. Kestenare, 2002. The surface heat flux feedback. Part I: Estimates from observations in the Atlantic and the north Pacific. *Climate Dynamics.* 19, 633-647.

Frankinoul C., K. Kestenare and J. M. Mignot, 2002. The surface heat flux feedback. Part II: Direct and indirect estimates in the *ECHAM4/OPA8* coupled *GCM*. *Climate Dyn.* 19, 649-655.

Garrett G., R. Outerbridge, and K. Thompson, 1993. Interannual variability in Mediterranean heat and buoyancy fluxes. *J. Climate*, 6, 900-910.

Gibson J.K., Kallberg P., Uppala S., Hernandez A., Nomura A. and Serrano E. (1997): ECMWF Re-analysis project, 1. ERA description. *Project Report Series, ECMWF*, July 1997.

Gill A.E. (1982): Atmosphere-Ocean Dynamics. *Int. Geophys. Ser., Academic Press*, 30, New York and London, 662 pp

Gilman C. and Garret C. (1994): Heat flux parameterizations for the Mediterranean Sea: The role of atmospheric aerosols and constraints from the water budget, *J. Geophys. Res*, 99(C3), 5119\u20135134.

Gouriou Y., Andrié C., Bourlès B., Freudenthal S., Arnault S., Aman A., Eldin G., du Penhoat Y., Baurand F., Gallois F., Churchla R. (2001): Deep circulation in the equatorial Atlantic Ocean. *Geophys. Res. Lett.* 28, 819–822.

Granger C. W. J., 1969. Investigating causal relations by econometric models and cross-spectral methods. *Econometrica*, 37, 424–438.

Hauser D., Dupuis H., de Madron X. D., Estournel C., Flamant C., Pelon J., Queffeulou P., Lefèvre J. (2000): La campagne FETCH : Une expérience pour l'étude des échanges océan-atmosphère dans les conditions côtières du golfe du lion. 8ème Série numéro 29, *La Météorologie*.

Hense A., R.G. Hense, H. Von Storch and U. Stähler, 1990. Northern hemisphere atmospheric response to change of Atlantic Ocean SST on decadal time scales: A GCM-experiment. *Climate Dynamics*, 4, 157-174.

Hess and L. Seymour. (1959) : Introduction to Theoretical Meteorology. *Krieger Publishing Company, Malabar, Florida*

Hewitt C.D. and Griggs D.J. (2004): Ensembles-Based Predictions of Climate Changes and their Impacts, *EOS*, 85, 566pps.

Hewitt C.D., Kent E.C. and Taylor P.K. (1999): New insights into the ocean heat budget closure problem from analysis of the SOC air-sea flux climatology. *J. Climate*, 12(9), 2856-2880.

Hirche A., Boughani A. et Salamani M., (2007) : Evolution de la pluviosité dans quelques stations steppiques algériennes depuis le début du siècle. *Sécheresse*, 18 (4), 314-320.

Hurrell J., Y. Kushnir, G. Ottersen, and M. Visbeck, (2003): The North Atlantic Oscillation: Climatic significance and environmental impact, *Geophys. Monogr. Ser.*, 134, American Geophysical Union, Washington, D.C.

Hurrel J.W, 1995. Decadal trends in the North Atlantic Oscillation regional temperatures and precipitation. *Science*, 269, 676–679.

Josey, S.A., E.C.Kent and P.K.Taylor. 1999. New insights into the ocean heat budget closure problem from analysis of the SOC air-sea flux climatology. *J. Climate*, 12(9), 2856-2880.

Josey S. (2003): Changes in the heat and freshwater forcing on the Eastern Mediterranean and their influence on deep water formation, *J. Geophys. Res.*, **108**, DOI: 10.1029/2003JC001778.

Josey S. A., 2001. A comparison of *ECMWF*, *NCEP-NCAR*, and *SOC* surface heat fluxes with moored buoy measurements in the subduction region of the northeast Atlantic. *J. Climate*, 14, 1780-1789.

Journel, A.G. and C.J. Huijbregts. 1978. Mining Geostatistics. *Academic Press*, 600 p.

Kalnay E., Kanamistu M., Kistler R., Collins W., Deaven D., Gandin L., Iredell M., Saha S., White G., Woolen J., Zhu Y., Cheliah M., Ebisuzaki W., Higgins W., Janowiak J., Mo C.K., Ropelewski C., Leetma A., Reynolds R. and Jenne R. (1996): The NCEP/NCAR reanalysis project, *Bull.Amer. Meteor. Soc.* 77, 437-471.

Kaufmann R. K. and D. I. Stern, 1997. Evidence for human influence on climate from hemispheric temperature relations. *Nature*, 388, 39–44.

Kaufmann R.K., L. Zhou, R. B. Myneni, C. J. Tucker, D. Slayback, N. V. Shabanov and J. Pinzon, 2003. The effect of vegetation on surface temperature: A statistical analysis of NDVI and climate data. *Geophys. Res. Letters.*, 30, 2147, doi:10.1029/2003GL018251.

Kistler R., E. Kalnay, W. Collins, S. Saha, G. White, J. Woollen, M. Chelliah, W. Ebisuzaki, M. Kanamitsu, V. Kousky, H. van den Dool, R. Jenne, and M. Fiorino, 2001. The NCEP-NCAR 50-Year Reanalysis. *Bull. Amer. Meteor. Soc.*, 82, 247-268.

Klein B., W. Roether, B. Manca, D. Bregant, V. Beitzel, V. Kovacevic and A. Luchetta, 1999. The large deep water transient in the Eastern Mediterranean, *Deep Sea Res.*, 46, 371-414.

Kodera K. and Y. Kuroda, 2004. Two teleconnection patterns involved in the North Atlantic/Arctic Oscillation, *Geophys. Res. Lett.*, 31, L20201, doi: 10.1029/2004GL020933.

Kondo J. (1975): Air-sea bulk transfer coefficients in diabatic conditions. *Boundary-Layer Meteorol.*, **9**, 91-112

Kushnir Y., W. A. Robinson, I. Bladé, N. M. J. Hall, S. Peng and R. Sutton, 2002. Atmospheric GCM response to extratropical SST anomalies: Synthesis and evaluation. *J. Climate*, 15, 2233–2256.

Large W. G., 1982. Sensible and latent heat flux measurements over the ocean. *J. Phys. Oceanogr.*, 12, 464-482.

Lascaratos A., W. Roether, K. Nittis, and B. Klein. 1999. Recent changes in deep water formation and spreading in the Eastern Mediterranean Sea, *Prog. Oceanogr.*,44, 5–36.

Leaman, K. and F. Schott, 1991. Hydrographic structure of the convection regime in the gulf of lions : Winter 1987, *J. Phys. Oceanogr.*, 21, 575–598.

Levitus S., 1982. Climatological atlas of the world ocean. *NOAA Prof. Paper* 13, *U.S. Government Printing Office*, Washington, D.C., 173 pp.

Lebeaupin C., Ducrocq V. and Giordani H. (2006): Sensitivity of Mediterranean torrential rain events to the Sea Surface Temperature based on high-resolution numerical forecasts, *Journal of Geophysical Research*, Vol. 111, No. D12, 12110 10.1029/2005JD006541.

Li L. (2006): Atmospheric GCM response to an idealized anomaly of the Mediterranean Sea surface temperature, *Clim. Dyn.*, Doi: 10.1007/s00382-006-0152-6.

Lindau R. (2001): Climate Atlas of the Atlantic Ocean derived from the Comprehensive Ocean Atmosphere Data Set.. *Springer Verlag*, Berlin, 488 pp.

Liu W., Katsaros K., Businger J. (1979): Bulk parameterization of air-sea exchanges of heat and water vapor including the molecular constraints at the interface. *J. Atmos. Sci.* 36, 1722–1735.

Lopez-Garcia M.J., Millot C., Font J. & Garcia-Ladona E., (1994): Surface circulation variability in the Balearic basin, *J. Geophys. Res.*, 99 C2, 3285–3296.

Li Z. X. (2006): Atmospheric GCM response to an idealized anomaly of the Mediterranean Sea surface temperature. *Climate Dynamics*. DOI 10.1007/s00382-006-0152-6

Li Z. X. and Conil S. (2003): Transient response of an atmospheric GCM to North Atlantic SST anomalies. *Journal of Climate*, 16, 3993–3998.

Millot C. and I. Taupier-Letage, (2005): Circulation in the Mediterranean Sea, *The Handbook of Environmental Chemistry, Volume K*, 29–66, DOI: 10.1007/b107143.

Louanchi F., Boudjakdji M, and Nacef Lamri, 2009: Decadal changes in surface carbon dioxide and related variables in the Mediterranean Sea as inferred from a coupled data-diagnostic model approach. – ICES Journal of Marine Science, 66: 1538–1546.

Millot C., (1999): Circulation in the western Mediterranean Sea, *J. Mar. Syst.*, 20, 423–442.

Millot C., (1987): Circulation in the Western Mediterranean Sea, *Oceanologica Acta*, 10, 143–149.

Millot C. and Wald L., (1980): The effect of Mistral wind on the Ligurian current near Provence, *Oceanologica Acta,* 3, 399-402.

Minobe S., A. Kuwano-Yoshida, N. Komori, S.-P. Xie and R. J. Small., (2008): Influence of the Gulf Stream on the troposphere, *Nature*, **452**, 06690

Montroy D.L., M. B. Richman and P. J. Lamb, (1998): Observed Nonlinearities of Monthly Teleconnections between Tropical Pacific Sea Surface Temperature Anomalies and Central and Eastern North American Precipitation, *J. Climate*, **11**, 1812–1835.

Moron V., (2003): L'évolution séculaire des températures de surface de la mer Méditerranée (1856–2000), *C. R. Geoscience*, **335**, 721–727.

Nakamura H., T. Sampe, A. Goto, W. Ohfuchi and S.-P. Xie, (2008): On the importance of mid-latitude oceanic frontal zones for the mean state and dominant variability in the tropospheric circulation, *Geophys. Res. Letters*, **35**, L15709.

Lowe P.R. (1977): An approximating polynomial for the computation of saturation vapours pressure. *J. Appl. Meteor.*, **16**, 100-103.

Maheras P., H. Flocas, and I. Patrikas, 2001. A 40 year objective climatology of surface cyclones in the Mediterranean region: spatial and temporal distribution, *Internat. J. Climato.*, 21, 109–130.

Marshall J. and F. Schott, 1999. Open-ocean convection : observations, theory, and models, *Rev. Geophys.*, 37 (1), 1–64.

Mariotti A., Zeng N., Yoon J., Artale V., Navarra A., Alpert P. and Li. L. (2008): Mediterranean water cycle changes: transition to drier 21st century conditions in observations and CMIP3 simulations, *Env. Res. Lett.*, Doi: 10.1088/1748-9326/3/044001.

Mariotti A., Struglia M. V., Zeng N. and Lau K.M. (2002): The hydrological cycle in the Mediterranean Region and implications for the water budget of the Mediterranean sea, *J. Climate*, **15**, 1674-1690.

MEDAR Group. (2002): MEDATLAS/2002 database. Mediterranean and Black Sea database of temperature salinity and bio-chemical parameters. Climatological Atlas. *IFREMER*.

Meddi H. & Meddi M., (2007): Variabilite spatiale et temporelle des précipitations du nord-ouest de l'Algérie, *Geographia Technica, N°2, 49-55.*

Meddi H. & Meddi M., (2009): Etude de la persistance de la sècheresse au niveau de sept plaines Algériennes par utilisation des chaines de Markov (1930-2003), *Courrier du Savoir*, N°09, 39-48.

Millot C., Candela J., Fuda J.-L., Tber Y. (2006): Large warming and salinification of the Mediterranean outflow due to changes in its composition. *Deep-Sea Res.*, 53(4): 656-666.

Millot C., (1991): Mesoscale and seasonal variabilities of the circulation in the western Mediterranean. *Dyn. Atmos. Ocean.*, 15, 179-214.

McIntoch P. C., 1990. Oceanographic data interpolation: objective analysis and splines. *J. Geophys. Res.*, 95, 13529-13541.

MEDOC Group, 1970. Observations of formation of deep-water in the Mediterranean Sea, *Nature*, 227, 1037–1040.

Montroy D.L., M. B. Richman and P. J. Lamb, 1998. Observed Nonlinearities of Monthly Teleconnections between Tropical Pacific Sea Surface Temperature Anomalies and Central and Eastern North American Precipitation, *J. Climate*, 11, 1812–1835.

Murphy A. H., 1988. Skill scores based on the mean square error and their relationships to the correlation coefficient. *Mon. Wea.Rev.*, 116, 2417–2424.

Nardelli B. B. and E. Salusti, 2000. On dense water formation criteria and their application to the Mediterranean Sea. *D. Sea Res. I*, 47,193-221.

Nacef Lamri & Nour El Islam Bachari, 2012: Influence des flux de chaleur latente et sensible à l'interface air-mer en Méditerranée sur la pluviométrie et la température dans le nord de l'Algérie, *Atmosphere-Ocean*, DOI:10.1080/07055900.2012.668851.

Nacef Larmi, 2006 : Etude des variations spatio-temporelles des flux de chaleur à l'interface air-mer en Méditerranée. Applications à la prévision climatique. Thèse Magister, ENSSMAL. 106 pp

Nacef Larmi, 2006 : Variabilité et évolution des extrêmes Climatiques dans le nord de l'Algérie.

Nacef lamri, 1999 : Climatologie de la décennie 1990-1990 sur l'Algérie.

Nacef lamri, 1998 : Rapport sur le développement de la prévision saisonnière en Algérie dans le cadre El-Massifa (projet international sur la prévision en Méditerranée). 64pp

Nacef lamri, 1992 : Sécheresse en Algérie entre 1930 et 1990

Nonaka M., H. Nakamura, B. Taguchi, N. Komori, A. Kuwano-Yoshida, K. Takaya, (2009): Air–Sea Heat Exchanges Characteristic of a Prominent Mid-latitude Oceanic Front in the South Indian Ocean as Simulated in a High-Resolution Coupled GCM, *Journal of Climate*, 22, 6515-6535.

Peng S., Robinson W., Li S., (2002): North Atlantic SST forcing of the NAO and relationships with intrinsic hemispheric variability, *Geophysical Research Letters*, 29.

Peng S., Robinson W., Li S., (2003): Mechanisms for the NAO responses to the north Atlantic SST Tripole, *Journal of Climate*, 16, 1987–2004.

Puillat I., Taupier-Letage I. and Millot C., (2002): Algerian Eddies lifetime can near 3 years, *J. Mar. Syst.*, 31, 245–259.

Randhir S., Simon B., Joshi P. C., (2001): Estimation of surface Latent Heat Fluxes from IRS-P4/MSMR satellite data, *Earth Planet. Sci.*, 110, No. 3, 231-238.

Louis J. (1979): A parametric model of vertical eddy fluxes in the atmosphere. *Bound. Layer Meteor.* **17**, 187–202.

Ovchinnikov I., 1984. The formation of the intermediate water in the Mediterranean, Oceanology, 24, 168–173.

Özsoy E., A. Hecht, Ü. Ünüata, S. Brenner, H.I Sur, J. Bishop, M.A. Latif, Z. Rozentraub and T. Oguz, 1993. A synthesis of the Levantine Basin Circulation and Hydrography (1985-1990). *Deep-Sea Res.,* 40, 1075-1119.

Özsoy E. and M.A. Latif, 1996. Climate variability in the Eastern Mediterranean and the great Aegean outflow anomaly. *International POEM-BC/MTP Symposium, Motlig les Bains, France, 1-2 July,* pp. 69-86.

Paiva A., Chassignet E. P. (2001): The impact of surface flux parameterization on the modeling of the North Atlantic ocean. *J. Phys. Oceanogr.* **31**, 1860–1879.

Payne R.E. (1972): Albedo of the Sea Surface. *J. Atmos. Sci.,* **29**, 959-970

Pinardi N., Arneri E., Crise A., Ravaioli M., Zavatarelli M., 2004. The physical and Ecological structure and variability of shelf areas in the Mediterranean Sea.

Potter R. and Lozier S. (2004): On the warming and salinification of the Mediterranean Outflow waters in the North Atlantic, *Geophys. Res. Lett.,* **31**: L01202, doi: 10.1029/2003GL018161.

Rafiq Hamdi, 2000. Méthodes de calcul des flux. *Ecole National de la Météorologie ENM/Meteo-France,* Note de travail N° 717, 104 pp.

Reed R. K., (1977): On estimating insolation over the ocean. *J. Phys. Oceanog.,* 7, 482-485.

Reed R. K., 1985. An estimate of the climatological heat fluxes over the tropical Pacific Ocean. *J. Climate and Appli. Meteor.,* 24, 833-840.

Reynolds R. W. and T. M. Smith, 1994. Improved global sea surface temperature analysis using optimum interpolation. *J. Climate,* 7, 929-948.

Richman M. B., 1986. Rotation of principal components. *J. Climatology,* 6, 293–356.

Robinson A., W. Leslie, A. Theocharis and A. Lascaratos, 2001. Encyclopedia of Ocean Sciences, chap. Mediterranean Sea Circulation, pp. 1689–1706, *Academic Press Ltd.,* London.

Rodwell M.J., and B.J. Hoskins, 1996. Monsoons and the dynamics of deserts. *Quarterly Journal of the Royal Meterorological Society,* 122, 1385-1404.

Roether W., B. Manca, B. Klein, D. Bregeant, D. Georgopoulos, V. Beitzel, V. Kovacevic and A. Luchetta, 1996. Recent changes in Eastern Mediterranean deep waters, *Science,* 271, 333-335.

Rosati A. and K. Miyakoda, (1988): A general circulation model for upper ocean simulation. *J. Phys. Oceanogr.,* **18** (11), 1601-1626.

Rosen R. D. and D. A Salstein, 2000. Multidecadal signals in the interannual variability of atmospheric angular momentum. *Climate Dynamics*, 16, 693–700.

Samuels S., K. Haines, S. Josey and P.G. Myers, 1999. Response of the Mediterranean Sea thermohaline circulation to observed changes in winter wind stress field in the period 1980-1993, *J. Geophys. Res.*, 104, 7771-7784.

Shinoda T., H. H. Hendon, and J. Glick, 1999. Interseasonal surface fluxes in the topical western Pacific and Indian oceans from *NCEP* reanalyse. *Month.Weath. Rev.*, 127, 678-693.

Simpson J.J. and C.A. Paulson, 1979. Mid-ocean observations of atmospheric radiation. *Quart. J.R. Met. Soc.*, 105, 487-502.

Smith S. D., C. W. Fairall, G. L. Geernaert, and L. Hasse, 1996. Air-sea fluxes: 25 years of progress. *Boun. Layer Meteor.*, 78, 247-290.

Sanchez-Gomez E., Somot S. and Mariotti A. (2009): Future changes in the Mediterranean water budget projected by an ensemble of Regional Climate Models. *Geophys. Res. Lett.*, submitted.

Sanchez-Gomez E., Somot S. and Déqué M. (2008): Ability of an ensemble of regional climate models to reproduce weather regimes over Europe-Atlantic during the period 1961–2000, *Clim. Dyn.*, **10**.1007/s00382-008-0502-7.

Somot S., Sevault F., Déqué M., Crépon M. (2008): 21st century climate change scenario for the Mediterranean using a coupled Atmosphere-Ocean Regional Climate Model. *Global and Planetary Change*, **63**(2-3), 112-126, Doi:10.1016/j.gloplacha.2007.10.003.

Somot S., Sevault F., Déqué M. (2006): Transient climate change scenario simulation of the Mediterranean Sea for the 21st century using a high-resolution ocean circulation model. *Climate Dynamics*, **27**(7-8), 851-879.

Struglia M.V. Mariotti A. and Filograsso A. (2004): River discharge into the Mediterranean Sea: climatology and aspcts of the Observed variability, *J. Clim.*, **17**, 4740-4751.

Theocharis A., K. Nittis, K. Kontoyiannis, E. Papageorgiou and E. Th. Bolopoulos, 1999. Climatic changes in the Aegean Sea influence the Eastern Mediterranean thermohaline circulation (1986-1997). *Geophys. Res. Letters*, 26 (11). 1917-1620.

Thompson D. W. J. and J. M. Wallace, 1998. The Arctic Oscillation signature in wintertime geopotential height and temperature fields, *Geophys. Res. Lett.*, 25, 1297–1300.

Trigo I., G. Bigg and T. Davies, 2002. Climatology of cyclogenesis mechanisms in the Mediterranean, *Bul.Amer. Meteor. Soc.*, 130, 549–569.

UNESCO, 2002. EU/IOC MEDAR/MEDATLAS II Final Workshop. *IOC Workshop Report*, 182, UNESCO 2002, 98 pp.

Viterbo P., 2002. The role of the land surface in the climate system. *ECMWF Meteorological Training Course Lecture Series*, 1–19.

White D., M. Richman and B. Yarnal, 1991. Climate regionalization and rotation of principal components. *Int. J. Climatology*, 11, 1–25.

Wilks D.S., 1995. Statistical Methods id Atmospheric Sciences: An Introduction. Forecast Verification (Chapter 7). *Academic Press*, 233–283 pp.

Wu P., and K. Haines, 1996. Modelling the dipersal of levantine intermediate water and its role in Mediterranean deep water formation, *J. Geophys. Res.*, 101, 6591–6607.

Wu P., and K. Haines, 1998. The general circulation of the Mediterranean Sea from a 100-year simulation, *J. Geophys. Res.*, 103 (C1), 1121–1135.

Wallace J.M., (2000): North Atlantic Oscillation/annular mode: two paradigms-one phenomenon, *Quart. J. Roy. Meteor. Soc., 126*, 791-805.

Wang W., Bruce T. Anderson, Robert K. Kaufmann and Ranga B. Myneni, (2004): The relation between the north Atlantic oscillation and SSTs in the north Atlantic basin, *Journal of Climate*, 17, 4752-4759.

White D., M. Richman and B. Yarnal, 1991. Climate regionalization and rotation of principal components. *Int. J. Climatology*, 11, 1–25.

Wu P., K Haines and N. Pinardi, 2000. Towards an Understanding of Deep-Water Renewal in the Eastern Mediterranean. *J. Phys. Oceanogr.,* 30, 443-458.

Zhou S., A. J. Miller, J. Wang and J. K. Angell, (2001): Trends of NAO and AO and their associations with stratospheric processes. *Geophys. Res. Lett.*, 28, 4107-4110.

Xoplaki E., Gonzales-Rouco J.F., Luterbacher J. and Wanner H., (2004): Wet season Mediterranean precipitation variability: influence of large scale dynamics and trends, Climate Dynamics, 23, 63-78, DOI 10.1007/s00382-004-0422-0.

Timplis M., Zervakis V., Josey S., Peneva E.L., Struglia M.V., Stanev E., Teocharis A., Lionello P., Malanotte-Rizzoli P, Artale V., Tragou E. and Oguz T. (2005): changes in the Oceanography of the Mediterranean Sea and their Link to Climate Variability, PP. 226-281, *Ed. Lonello P, Malanotte-Rizzoli P; and Boscolo R., Elsevier.*

Tsimplis M.N. and Bryden H.L. (2000): Estimation of the transport through the strait of Gibraltar, *Deep Sea Research*, Part I, **47**, 2219-2242.

Weill A., Eymard L., Caniaux G., Hauser D., Planton S., Dupuis H., Brut A., Guerin C., Nacass P., Butet A., Cloché S., Pedreros R., Bourras D., Giordani H., Lachaud G., Bouhours G. (2003): Toward better determination of turbulent air-sea fluxes from several experiments. *J. Climate* 16 (4), 600–618.

Zeng X., Zhao M., Dickinson R. (1998): Intercomparison of bulk aerodynamic algorithms for the computation of sea surface fluxes using toga coare and tao data. *J. Climate* 11(10), 2628–2644.

Frankignoul C., (1985): Sea surface temperature anomalies, planetary waves, and air-sea feedback in the middle latitudes, *Review of Geophysic*, **23**, 357–390.Fuda J.L., Millot C., Taupier-Letage I., Send U., Bocognano J.M., (2000): XBT monitoring of a meridian section across the Western Mediterranean Sea, *Deep Sea Research, I* **47**, 2191-2218.

Hamad N., C. Millot and I. Taupier-Letage, (2004): The surface circulation in the eastern basin of the Mediterranean Sea: new elements, *In: Proceedings of the 2ᵉ Int. Conf. on Oceanography of the Eastern Mediterranean and Black Sea*, 2-9. *Ankara.*

Hoskins B.J., M.E. McIntyre and A.W. Robertson, (1985): On the use and significance of isentropic potential vorticity maps, *Quarterly Journal of the Royal Meteorological Society*, **111**, 877–946.

Josey S, Kent E.C. and Taylor P.K., (1999): New insights into the ocean heat budget closure problem from analysis of the SOC air-sea flux climatology, *J. Climate*, 12(9), 2856-2880.

Kalnay E., Kanamistu M., Kistler R., Collins W., Deaven D., Gandin L., Iredell M., Saha S., White G., Woolen J., Zhu Y., Cheliah M., Ebisuzaki W., Higgins W., Janowiak J., Mo C.K., Ropelewski C., Leetma A., Reynolds R. and Jenne R., (1996): The NCEP/NCAR reanalysis project, *Bull. Amer. Meteor. Soc.* 77, 437-471.

Kaufmann R. K. and D. I. Stern, (1997): Evidence for human influence on climate from hemispheric temperature relations. *Nature*, **388**, 39–44.

Kushnir Y., Robinson W. A., Bladé I., Hall N. M. J., Peng S., Sutton R., (2002): Atmospheric GCM response to extratropical SST anomalies : Synthesis and evaluation, *Journal of Climate*, **15**, 2233–2256.

Rowell D.P., (2003): The impact of Mediterranean SSTs on the Sahelian rainfall season, *Journal of Climate*, **16**, 849–862.

Send U., Font J., Krahmann G., Millot C., Rhein M., Tintoré J., (1999): Recent advances in observing the physical oceanography of the western Mediterranean Sea, *Progress in Oceanography*, **44**, 37–64.

Taguchi B., H. Nakamura, M. Nonaka and S.-P. Xie, (2009): Influences of the Kuroshio/Oyashio Extensions on Air–Sea Heat Exchanges and Storm-Track Activity as Revealed in Regional Atmospheric Model Simulations for the 2003/2004 Cold Season, *Journal of Climate*,**22**, 6536–6560.

Viterbo P., (2002): The role of the land surface in the climate system. *ECMWF Meteorological Training Course Lecture Series*, 1–19.

Vicente-Serrano S. M. and J. I. Lopez-Moreno, (2008): Nonstationary influence of the North Atlantic Oscillation on European precipitation, J. Geophys. Res., 113, D20120, doi:10.1029/2008JD010382.

Ramos M., Lorenzo M. N. and Gimeno L.,(2010): Compatibility between modes of low-frequency variability and circulation types: A case study of the northwest Iberian Peninsula, *Journal of Geophysical Research*, *115*, D02113, doi:10.1029/2009JD012194.

Sterl A., and Hazeleger W., (2005): The relative roles of tropical and extra-tropical forcing on atmospheric variability, *Geophys. Res. Lett.*, *32*, L18716, doi: 10.1029/2005GL023757.

Kingston D.G., Lawler D.M. et Mc-Gregor G.R., (2006): Linkage between atmospheric circulation, climate and streamflow in the northern Atlantic: research prospects, *Progr. Phys. Geogr.*, *30*, 143-174.

Thompson D.W.J. and J.M. Wallace, (2001): Regional climate impacts of the northern hemisphere annular mode. *Science*, 293, 85-89.

Wang W., B. T. Anderson, R. K. Kaufmann and R. B. Myneni, (2004): The Relation between the North Atlantic Oscillation and SSTs in the North Atlantic Basin, *Journal of Climate*, 17, 4752–4759

White D., Richman M. and Yarnal B., (1991): Climate regionalization and rotation of principal components. *Int. J. Climatology*, 11, 1–25.

Wilks D.S., (1995): Statistical Methods id Atmospheric Sciences: An Introduction. Forecast Verification (Chapter 7), *Academic Press*, 233–283.

Lionello P., Malanotte-Rizzoli P., Boscolo R., et al., (2006a): The Mediterranean Climate: An overview of the main characteristics and issues, Mediterranean Climate Variability, Elsevier B. V., 1–26.

North G.R., Bell T.L. and Cahalan R.F., (1982): Sampling errors in the estimation of empirical orthogonal functions, Monthly Weather Review, 110: 699-706.

Cattell R.B., (1966): The Scree Test for the number of factors, Multivariate Behavioural Research, 1: 245-276.

Pettitt A. N., (1979): A non-parametric approach to the change-point problem. Appl. Statist. 28(2), 126-135.

Déry S.J. et E.F. Wood, (2004): Teleconnection between the arctic oscillation and Hudson Bay river discharge. *Geophys. Res. Lett.*, 31, LI18205, doi : 1029/2004GL020729.

Labat D., (2005): Recent advances in wavelet analyses: part I. A review of concepts. J. Hydrol., 314, 275-288.

Berri G.J. et G.I. BERTOSA, (2004): The influence of tropical Atlantic and Pacific oceans on precipitations variability over southern central South America on seasonal time scales. *Intern. J. Climatol.*, 24, 415-435.

Haylock M.R. et C.M. Goodess, (2004): Interannual variability of European extreme winter rainfall and links with mean large-scale circulation. *Intern. J. Climatol.*, 24, 759-776

Jain S., M. Hoerling et J. Eischeid, (2005): Decreasing reliability and increasing synchroneity of western north american streamflow. *J. Clim.*, 18, 613-618.

Lolis C.J., A. Bartzokas et B.D. Katsoulis, (2004): Relation between sensible and latent heat fluxes in the Mediterranean and precipitation in the Greek area during winter. *Intern. J. Climatol.*, 24, 1803-1816.

Kendall M. G. (1975): Rank Correlation Methods. Griffin, London, UK.

Mann H.B.,1945: Nonparametric tests against trend. Econometrica 13, pp. 245–259.

Conte, M., Giuffrida, A., and Tedesco, S., 1989: The Mediterranean Oscillation. Impact on precipitation and hydrology in Italy Climate Water. *Publications of the Academy of Finland*, Helsinki

Palutikof, J.P., Conte, M., Casimiro Mendes, J., Goodess, C.M., Espirito Santo, F., 1996: Climate and climate change. In: Brandt, C.J., Thornes, J.B., (eds) Mediterranean desertification and land use. *John Wiley and Sons*, London

Palutikof, J.P., 2003: Analysis of Mediterranean climate data: measured and modelled. In: Bolle, H.J. (ed): Mediterranean climate: Variability and trends. *Springer-Verlag*, Berlin

Lionello, P., Bhend J., Buzzi A., et al. (2006b): Cyclones in the Mediterranean region: climatology and effects on the environment, Mediterranean Climate Variability, Elsevier B. V., 325–372.

Bolle H.J., (2002): Mediterranean Climate: Variability And Trends. ISBN 978-3540438380, Springer-Verlag, 320 pp.

IPCC, (2007a): The Physical Science Basis. Contribution of Working Group I to the Fourth Assessment Report of the Intergovernmental Panel on Climate Change [Solomon, S., D. Qin, M. Manning, Z. Chen, M. Marquis, K.B. Averyt, M.Tignor and H.L. Miller (eds.)]. Cambridge University Press, Cambridge, United Kingdom and New York, NY, USA, 996 pp.

Xoplaki E., Gonzales-Rouco J.F., Luterbacher J. and Wanner H., (2004): Wet season Mediterranean precipitation variability: influence of large scale dynamics and trends, Climate Dynamics, 23, 63-78, DOI 10.1007/s00382-004-0422-0.

Safar Zitoun M., (2006): Évaluation des dispositifs d'alerte précoce à la sécheresse existants à l'échelle nationale – cas de l'Algérie, expertise dans le cadre du projet SMAS/OSS.

Homar V., Jansa A., Campins J., Genoves A., and Ramis C., (2007): Towards a systematic climatology of sensitivities of Mediterranean high impact weather : a contribution based on intense cyclones, Nat. Hazards Earth Syst. Sci., 7, 445–454. *http://www.nat-hazards-earth-syst-sci.net/7/445/2007/.*

Trigo R. M., Xoplaki E., Zorita E., et al., (2006): Relationship between variability in the Mediterranean region and mid-latitude variability, Mediterranean Climate Variability, Elsevier B. V., 179–226.

Rodriguez-Fonseca B., and M. De Castro, (2002): On the connection between winter anomalous precipitation in the Iberian Peninsula and North West Africa and the summer subtropical Atlantic sea surface temperature, *Geophys. Res. Let.*, 29, 10.1029/2001GL014421.

Dünkeloh A., and J. Jacobeit, (2003): Circulation dynamics of Mediterranean precipitation variability 1948-1998, *Int. J. Climatol.*, 23, 1843–1866.

Ward M.N., Lamb P.J., Portis D.H., El Hamly M., Sebbari R., (1999): Climate Variability in Northern Africa: Understanding Droughts in the Sahel and the Maghreb. In: Navarra A (ed), Beyond El Nino: Decadal and Interdecadal Climate Variability. Springer Verlag, Berlin, pp. 119-14.

www.ingramcontent.com/pod-product-compliance
Lightning Source LLC
Chambersburg PA
CBHW021042210326
41598CB00016B/1087